茄子全地膜覆盖

用黑色

茄子覆盖地膜，膜下浇水

茄子行间覆盖麦糠

茄子整枝抹杈

茄子双蔓整枝

茄子嫁接栽培

茄子落蔓栽培

茄子熊蜂授粉

茄子点花部位

茄子吊蔓

茄子阶梯形整枝方式株型
（结果初期表现）

茄子阶梯形整枝方式株型
（结果盛期表现）

茄子病毒病

茄子枯萎病

茄子根腐病

茄子菌核病果实

茄子褐纹病果实

茄子灰霉病果实

茄子根结线虫

茄子斑萎病毒病

茄子青枯病

茄子叶霉病

茶黄螨为害茄果

美洲斑潜蝇为害茄子苗

二十星瓢虫为害茄子叶

红蜘蛛为害茄子

茄子缺钾，叶脉间失绿斑状

茄子果实缺钙

茄子缺镁

茄子二氧化硫中毒病株

茄子氨气危害

寿光蔬菜生产技术丛书

保护地茄子
种植难题破解100法

胡永军　编著

金盾出版社

内 容 提 要

本书由山东省寿光市农业局胡永军高级农艺师编著。编著者以问答的形式，从育苗技术、栽培管理、优良品种与栽培要点、病虫害防治、生理障碍防治和种植新模式六个方面，介绍了寿光菜农在解决保护地茄子种植难点和重点问题中的新技术和新经验。本书科学性、实用性和可操作性强，文字通俗易懂，适合广大农民、蔬菜专业户、蔬菜基地生产者和基层农业技术人员阅读，可供农业院校有关专业师生参考。

图书在版编目(CIP)数据

保护地茄子种植难题破解100法/胡永军编著.—北京：金盾出版社，2007.7
(寿光蔬菜生产技术丛书)
ISBN 978-7-5082-4528-7

Ⅰ.保… Ⅱ.胡… Ⅲ.茄子-保护地栽培 Ⅳ.S641.1

中国版本图书馆CIP数据核字(2007)第042870号

金盾出版社出版、总发行
北京太平路5号(地铁万寿路站往南)
邮政编码:100036 电话:68214039 83219215
传真:68276683 网址:www.jdcbs.cn
彩色印刷:北京精美彩印有限公司
黑白印刷:北京华正印刷有限公司
装订:北京华正印刷有限公司
各地新华书店经销

开本:787×1092 1/32 印张:6 彩页:8 字数:126千字
2009年6月第1版第4次印刷
印数:24001—34000册 定价:10.00元

寿光蔬菜生产技术丛书编辑委员会

前　言

山东省寿光市农民，在寿光市三元朱村党支部书记、全国劳动模范、全国优秀共产党员王乐义的带领下，学习借鉴东北地区冬季大棚栽培蔬菜的经验，勇于实践，大胆创新，率先在我国北方地区发明和推广了冬暖式塑料大棚（节能日光温室）蔬菜种植技术，变蔬菜一季栽培为四季栽培，实现了蔬菜全年生产，淡季不淡，四季常鲜，引发了寿光乃至全国的一场农业产业化革命。寿光农民在这场农业产业化革命中靠种菜走上了致富之路。截至 2006 年，全市蔬菜种植面积达到 5.3 万公顷，蔬菜总产量达到 60 亿千克。寿光市有 500 多个村成了蔬菜生产专业村，有 14 万户成了蔬菜专业户。寿光市在 1995 年被国家命名为"中国蔬菜之乡"。

如今的寿光就像"绿色的海洋"，形成了"百里大棚（日光温室）三条线，万亩蔬菜连成片"的新格局。寿光人的种菜技术不仅在全国 18 个省、市、自治区得到推广，而且走出了国门，走上了世界。美国、俄罗斯、乌克兰、德国、南非、危地马拉等国都有寿光人办的蔬菜农场。2005 年，外地从寿光聘请的蔬菜技术人员多达 4 000 余人，外地来寿光参观和考察蔬菜生产的多达 4 万人。

寿光蔬菜生产的发展，呈现出日新月异的局面。特别是近几年，涌现出了不少新典型、新技术。应金盾出版社之约，我们组织寿光市活跃在农业生产第一线的农业专家对寿光市及其周边地区农民在蔬菜生产中经常遇到的急需解决的疑难问题、栽培中应注意的关键技术和出现的新技术、典型经验以及一些有推广价值的栽培模式等进行了解、收集和总结，编写了这套丛书。丛书按蔬菜种类分为《保护地番茄种植难题破解100法》、《保护地茄子种植难题破解100法》、《保护地辣椒种植难题破解100法》、《保护地黄瓜种植难题破解100法》、《保护地西葫芦南瓜种植难题破解100法》、《保护地丝瓜苦瓜种植难题破解100法》、《保护地冬瓜瓠瓜种植难题破解100法》、《保护地甜瓜种植难题破解100法》、《保护地菜豆豇豆荷兰豆种植难题破解100法》9个分册。

本丛书的编写强调从蔬菜生产实际出发，突出科学性、实用性和可操作性，深入浅出，文字通俗易懂，以问答形式，向广大农民朋友介绍了10多种常见蔬菜在保护地栽培中所遇到的疑难问题及其解决方法，换句话说，介绍了寿光菜农在蔬菜种植中的先进技术，对农民朋友发展蔬菜生产将起到一定的指导、促进和借鉴作用，对农业科技人员和农业院校有关专业师生也有参考价值。

我们清醒地认识到，寿光种植蔬菜的技术也不是尽善尽美的，也存在着有待解决和提高的问题，全国不少地方和单位蔬菜生产技术在许多方面比寿光更先进，值得寿光菜农学习。本丛书的出版，也是与各地蔬菜生产基地和广大菜农交流经验、接受广大读者检验的一个机会。

由于编者水平所限，书中疏漏、不妥甚至错误之处在所难免，敬请专家和广大读者批评指正。

丛书编委会

2007年2月

目　录

一、茄子育苗技术

1. 茄子的适龄壮苗标准是什么？越冬或早春期间怎样培育壮苗？

茄子适龄壮苗的生理苗龄为7～8片叶；一般日历苗龄均为90天左右。

(1)壮苗的外部形态标准 植株健壮，株高15厘米左右。叶片肥厚且舒展，叶色深绿带紫色。茎粗壮，直径0.6～1厘米，节间短。第一花蕾出现早。茎、叶茸毛较多。根系发达。无病虫症状。

(2)壮苗的生理生化指标 ①定植后根系的吸收功能恢复快，在较短时间内即能缓苗进入正常生长。②抗逆性强，表现抗旱、抗寒，对不良环境条件有较强的适应性。③表现早熟、丰产。

(3)培育壮苗的措施 ①浸种催芽，提高发芽率。用55℃热水浸种15分钟，出水后用清洁细沙搓去种子外皮黏液，用清水把种子从细沙中分离出来，浸泡12小时，出水后包在纱布里放入大碗或小盆中，上口盖湿毛巾，置于25℃～30℃处催芽。为提高种子发芽率，可采用变温催芽，即用30℃ 8小时、20℃ 16小时交替进行，可使发芽整齐。②播种。在酿热温床或电热温床上播种。

(4)酿热温床的建造 酿热温床是指床底埋有酿热物的温床。一般采用鸭粪、枯草等有机物做酿热物，通过微生物的分解作用而发酵生热。

挖床坑 建造酿热温床的关键是床坑的深度，即酿热填充的厚度。床坑的深度要按照各地的气候条件、苗龄的长短和酿热物发热量的大小而定。气候寒冷、苗龄长、酿热物发热量小，则要求床坑挖得深，以便多填充酿热物，提高床温。如用露地塑料小拱棚做酿热温床，床坑底修成两边稍低，中间呈"龟背"形，平均深度为 40～50 厘米。这是因为床坑的边缘热量易于散失，只有增加酿热物以产生较多的热量，才能补偿散失的热量，使整个苗床的温度基本保持一致。拱形温床可挖成宽 100～120 厘米，中部深 30～35 厘米，四周深 40～50 厘米。斜面温床可挖成宽 120～150 厘米，中部深 35～40 厘米，四周深 45～50 厘米。长度视需苗量而定。

酿热物的种类　一般都是就地取材，尽量使用廉价的有机物。根据其碳、氮含量不同，可分为高热酿热物和低热酿热物。前者如新鲜的鸭粪等，后者有猪粪、玉米秸秆和麦秸等。

垫放酿热物　苗床挖好后，选用新鲜鸭粪。踩鸭粪时应注意干湿适度，如果过干，要泼一些水，做到用力一踩略见水即可。鸭粪踩好后，马上盖上塑料薄膜。夜间盖帘保温，并在鸭粪中插上温度计，观察发热情况。铺放酿热物时，应分 2～3 次填入，每填一次都要踩平踩实，直到酿热物的中部厚度达到 15～20 厘米，四周达到 20～30 厘米为止。然后在酿热物上面铺上 2 厘米的碎土或细沙，使摆入的育苗钵平稳、整齐。待 2～3 天后即可摆入装有营养土的育苗钵，准备播种育苗。

垫酿热物时应注意以下几点：①垫酿热物的时间，最好在播种前 1 周左右。若用几种不同的酿热材料或是冷性和热性的有机物，则可以分层搭配填充，以使发热充分和均匀。②酿热物一定要新鲜和刚开始发酵的，才能产生足够的热量。③填酿热物时，最好浇适量的新鲜人粪尿，使酿热物的含水量为 65%～70%，才能发酵升温快。④酿热物只能填至离床坑口 17～22 厘米处。若垫得太满，易散热，保温效果差；若垫得太低，播种等苗床操作不方便。

(5)电热温床的建造 电热温床是在苗床的底部平铺上电热线来提高苗床温度的一种育苗方法。其温度可根据茄子品种生育阶段对土温和气温的要求进行调节。由于电热温床育苗设备简单，升温快，易控温，能够在外界温度较低的情况下育苗，有利于冬、春季节提早育苗，培育大苗、壮苗。电热温床的建造程序和方法如下。

一是选择电热线。应选择功率适宜、线质柔软、接头完好、通电 6 小时后表面温度低于 40℃的电热线。

二是设计布线距离。据测算，当外界气温为－10℃时，苗床 5～10 厘米土层地温保持 18℃～20℃，电热温床的功率密度以每平方米 100 瓦为宜，每根 1 000 瓦的电热线可供 10 平方米使用。在温室或塑料大棚的苗床上布线时，可以使线间距相等，即等距离布线。在小拱棚的苗床上布线时，由于苗床四边散热快，所以布线时苗床四边线间距要小一些，苗床中部线间距可大些。一根 1 000 瓦的电热线，在长 10 米，宽 1 米的苗床中可布 6 个来回，如果在温室或塑料大棚的苗床中布线，线间距可设计为 7.69 厘米的等距离；如果在小拱棚或冷床的苗床中布线，线间距应设计为 2、5、6、8、10、12、12、10、8、6、5、2 厘米。

三是挖床坑和布线。先将距苗床面 12～15 厘米厚的表土层挖出；再耙平床底，切齐床墙。布线从电源的一头开始，靠苗床两边的 2 个线头应配成对，床中间的线也都成对，以使 2 个线头都靠近电源，便于接线。布线时最好 3 个人操作，1 人拉线，2 个人挂线。具体做法是：在苗床的两端离床坑边 10 厘米外，先按事先设计好的线间距钉上竹签或小木橛，用以挂线。由两人分别在苗床内两端挂线，一人在苗床内往返拉线，并使逐条线松紧适宜，最后1个人来回通过挪动竹签或小木橛，将2个线头配齐，固定在苗床适当位置。然后接通电源，检验一下电路是否畅通。如无故障，即可沿着线的方向覆土，覆土时不要使电热线移动位置，特别要严防电热线交叉和重叠，覆土厚约2厘米，整平踩实，再放上营养钵或10厘米厚的营养土以备播种。

(6)加强苗期管理 由于早熟茄子苗期正逢外界低温，因此育苗期间主要是提温保温。幼苗出土前，要封闭覆盖物，最好使温度达到28℃～30℃，一般4～6天可出齐苗。齐苗后温度可降至25℃。如温度过高，可进行小通风。电热温床可将电源昼停夜开，使幼苗保持正常生长但不徒长。一般情况下不喷水，更不能浇大水。待幼苗长至3～4片真叶时，可加大通风，交错变换通风口，使幼苗经受锻炼。小苗达到茎粗壮、叶片肥厚、色深坚实、撤掉覆盖物叶片也不凋萎时，即可进行分苗。分苗要在晴天中午、外界气温达10℃以上时进行。分苗多采用阳畦，分苗后的管理与分苗前基本相同。育苗期间地温以20℃～23℃为宜，一般应高于16℃，白天气温以25℃为宜，昼夜温差为10℃左右。育苗后期温度升高，要逐渐加大通风。定植前10～15天应浇大水，然后切块蹲苗，并通风锻炼，直至白天将薄膜撤去也不萎蔫，即可准备定植。

2. 怎样配制优质茄子育苗床土？怎样对床土进行消毒？

(1)床土配制 茄子幼苗对于土壤温度、湿度、营养和通气性等都有较严格的要求，床土质量的好坏直接影响幼苗的生长发育，所以，保护地栽培育苗时应特别注意床土的质量。

营养土一般都是人工配制，要求保水、保肥、通气性良好，含有机质至少在3%以上；同时要含有较充足的速效氮、磷、钾等元素。其中，速效氮应达到100毫克/千克，速效磷应达到150～200毫克/千克。每立方厘米营养土的重量不能大于1.5克。配制优质营养土可在上一年夏季之前进行，将马粪或草炭与各种秸秆、麦（稻）秸等和肥沃、无病菌的非茄科园田土分层堆积在一起，每放一层马粪、草和田土，浇一些人粪尿，喷撒适量杀虫剂后用泥堆封严，上冻前再翻倒均匀过筛，与田土按比例配好备用。有机肥与田土的比例，籽苗床7∶3或5∶5，移苗床3∶7或4∶6。如营养土未加粪肥，可在每立方米营养土中加尿素200～250克，过磷酸钙10千克。

如果马粪、草炭等原料不足，为保证营养土的疏松，可以在园土中按体积掺入1/3左右的森林土；如园土较黏重，可掺入约1/10的细炉灰或粉沙。

（2）床土消毒　为防止苗期病害，除注意选用少病虫的床土配料外，还应进行床土消毒。消毒方法有药剂消毒法和物理消毒法（蒸汽消毒和微波消毒），生产上应用药剂消毒较为普遍。

代森锌和多菌灵消毒　用65%代森锌粉剂，每立方米床土用药60克，或用50%多菌灵粉剂，每立方米床土用药40克，混合拌匀后用塑料薄膜覆盖，2～3天后撤膜，待药味挥发后使用。

32.7%斯美地水剂消毒　准备好土壤，如用有机肥及基肥，须事先与土壤搅拌均匀。将床土平铺5厘米厚，用斯美地500克对水40升（即80倍液）均匀浇洒，土壤需湿透3厘米以上。再覆一层土，再浇洒药液，重复处理，将营养土堆成堆，然后用塑料膜覆盖。施药10天后揭膜，将熏蒸过的床土充分翻松，5天后再翻松1次，使药气充分散出后，即可装入托盘或营养钵使用。

福尔马林消毒　用 40％福尔马林 200～300 毫升对水 25～30 升，喷洒于 1 000 千克床土中，然后充分拌匀堆成堆，塑料薄膜密封 5～7 天后揭开薄膜，待药味挥发后再使用，这样可防治猝倒病和菌核病。

另外，还可用棉隆、溴甲烷等对床土进行消毒（图 1-1）。

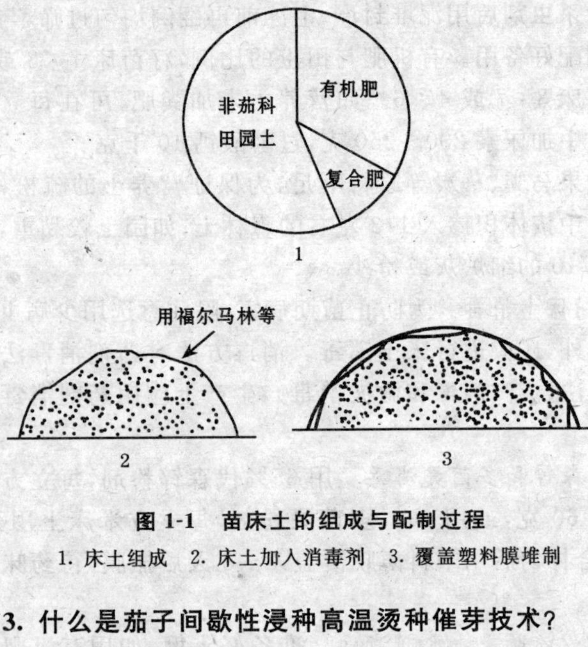

图 1-1　苗床土的组成与配制过程

1. 床土组成　2. 床土加入消毒剂　3. 覆盖塑料膜堆制

3. 什么是茄子间歇性浸种高温烫种催芽技术？

(1)种子处理　先将种子除净杂质，用 25℃温水浸泡 30 分钟，然后多次搓洗除去依附在种皮上的果胶物质，清洗干净后再进行烫种。

(2)高温烫种　先用少许凉水浸润处理好的种子，然后加入 90℃左右的热水，使水温达到 75℃，并保持 5 分钟（温度降低时要补加热水)，要边倒热水边迅速搅动，避免烫伤种子，直至水温降至 30℃，置于温室中继续浸种。高温烫种可使种皮迅速软化，裂纹增加，促进胚细胞的呼吸作用。

(3)间歇性浸种 先将种子浸泡 8 小时(含搓洗烫种时间)，然后控干，在纱布上摊晾 8～12 小时，再浸泡 4～6 小时，然后再次摊晾 8～12 小时，至手摸湿爽不黏为度，方可进行催芽。这一过程使水分缓慢渗入种子内部，防止种皮吸水过度而影响透气性，能充分满足种子发芽时对水分和氧气的需要，尤其后一次晾种可使种子内部水膜消失，增加透气性。

(4)催芽方式 一般应用草囤或纸箱催芽即可，有条件的采用灯泡加温、控温仪控温。即在草囤或纸箱底部放一装水器具，内放清水，中部架设竹帘，竹帘下吊一支 25～40 瓦灯泡，悬于水盆之上。竹帘上面覆盖浸湿的纸箱板，挡严灯光，将用宽大的纱布袋装好的种子平摊在上面，上覆浸湿的毛巾。纸箱板和毛巾见干即用水浸洗，保持湿润。控温仪的感温头置于种袋内部，也可用温度计测定温度，并根据种袋内的温度变化及时开闭电灯。此法有利于种子透气，热源稳定，并保持湿润。

温度控制 变温催芽可使种子提早萌芽，种芽粗壮一致。每昼夜 16 小时 30℃，8 小时 20℃，交替进行。

种子管理 种子每隔 3～4 小时翻动 1 次，以利于透气和受热均匀。淘洗不可过勤，一般头两天不必淘洗，第三天(种子开始萌动)可淘洗 1 次，淘洗后摊晾 4～6 小时再继续催芽。

采用间歇性浸种和高温烫种相结合的方法进行茄子催芽与常规催芽相比较，达到 50%出芽的时间提早 128 小时(5.3 天)，达到 90%出芽的时间提早 152 小时(6.3 天)，并且发芽势一致，种芽粗壮，无烂芽、无坏种现象。

4. 如何用穴盘法培育茄子壮苗?

(1)穴盘型号的选择 培育2叶1心的茄子苗时，应选用288孔苗盘;培育4～5叶苗时，应选用128孔苗盘;培育5～6叶苗时，应选用72孔苗盘。

基质配制的方法:草炭∶蛭石=2∶1或3∶1,草炭∶蛭石∶废菇料=1∶1∶1。配制基质时，加入15∶15∶15氮、磷、钾三元复合肥3.2～3.5千克，或每立方米基质加入尿素1.5千克和磷酸二氢钾1.5千克，或磷酸二铵2.5千克，肥料与基质混拌均匀后备用。

(2)种子处理 为了提高种子的萌发速度，可进行种子活化处理。其方法是:将种子浸泡在500毫克/千克赤霉素溶液中24小时，风干后播种或丸粒化后再播种。72孔穴盘播种深度为1厘米左右，128孔穴盘和288孔穴盘为0.5～1厘米。播种后覆盖蛭石。播种覆盖作业完毕后将育苗盘喷透水(水从穴盘底孔滴出),使基质最大持水量达到200%以上。

(3)播种后管理 播种后，将穴盘放入育苗床。白天温室保持25℃～30℃,夜间保持20℃～25℃,4～5天后，当苗盘中60%左右种子种芽伸出，少量拱出表层时，日温以大于25℃、夜温保持18℃～20℃为宜。当温室夜温偏低时，可采用地热线加温或临时加温措施，否则温度过低出苗速率受影响，小苗易出现猝倒病和沤根病。从苗期子叶展开至2叶1心，水分含量最大持水量为70%～75%。小苗2叶1心后，夜温可降至15℃左右，但不要低于12℃。白天酌情通风，以降低空气相对湿度。苗期3叶1心后，结合喷水进行2～3次叶面喷肥。3叶1心至定植，水分含量为65%～70%。

(4)壮苗标准 茄子穴盘育苗成品苗标准视穴盘孔大小

而异：选用72孔苗盘的，株高16～18厘米，茎粗4.0～4.5厘米，叶面积在110～130平方厘米，达6～7片真叶并现小花蕾时销售，需80～85天苗龄；128孔苗盘育苗的，株高8～10厘米，茎粗2.5～3.0厘米，4～5片真叶，叶面积在40～50平方厘米，需70～75天苗龄。成品苗达上述标准时，根系将基质紧紧缠绕，当苗子从穴盘拔起时也不会出现散坨现象。

通过以下措施，可培育出茄子壮苗。

一是光照。植物形态与光有关，植物自种子萌发后，若处于黑暗中生长，易形成黄化苗，其上胚轴细长、子叶卷曲无法平展且无法形成叶绿素；植物接受光照后，则叶绿素形成，叶片生长发育，且光会抑制节间的伸长，故植物在弱光下节间伸长而徒长，在强光下节间较短缩。不同光质亦会影响植物茎的生长，能量高、波长短的红光会抑制茎的生长，远红光会促进节间伸长，红光与远红光量之比会影响节间的长度。因此，在穴盘苗生产上，为顾及成本不宜人工补光，但在温室覆盖材质上，必须选择透光率高的材料。

二是温度。夜间的高温易造成种苗的徒长，因此在茄子秧苗的许可温度范围内，尽量降低夜间温度，加大昼夜温差，有利于培养壮苗。

三是水分。适当的限制供水可有效矮化植株并且使茄子组织紧密，将叶片水分控制在轻微的缺水状态下，使茎部细胞伸长受阻，但光合作用仍正常进行，因此便有较多的养分蓄积至根部用于根部的生长，可缩短地上部的节间长度，增加根部养分含量，对穴盘苗移植后恢复生长极为有利。

四是喷施生长调节剂。常用的生长调节剂有比久、矮壮素、多效唑、烯效唑、粉锈宁。比久的化学成分容易在土壤中分解，因此通常采用叶面喷施，使用浓度为1 000～1 300毫克/千克。矮壮素的使用浓度是100～300毫克/千克，多效唑一般使用浓度是5～15毫克/千克，烯效唑的使用浓度是多效唑的1/2。

5. 利用泥炭营养块进行茄子育苗有什么好处？如何操作？

泥炭育苗营养块的突出优点如下：

一是无菌无害、无病虫卵。泥炭是沼泽草本木本植物遗体在高湿厌氧的环境中经万年堆积不完全分解而成的富含水分、有机质、腐殖酸、多元缓释养分的松软地质体，无菌无害，不含病虫卵，克服了传统育苗老园土携带病菌、虫卵等引起土传病虫害的缺点，还可减少草害的发生，极大地减少了苗期管理中防病治虫的劳动强度和人力物力的投入。

二是利于幼苗健壮生长。泥炭本身富含营养，制作育苗块时又加入了多种营养，可满足蔬菜幼苗对养分的需求，保证幼苗健壮生长。有资料显示，用泥炭营养块育出的茄子苗茎粗增加20%～22%，根数增加20%～30%，根干重增加40%～50%，叶面积增加10%～12%，可提高幼苗的抗逆性，有利于培育壮苗。

三是养分供应时间长，管理幼苗省工省时。营养块中含大量的有机质、腐殖酸和多种缓释营养元素，养分供应可达70～80天，对幼苗管理极为简便，只需要按时补水即可，无须施肥。

四是定植不缓苗，产品可提前上市。幼苗营养块直接定植于大田，不伤根，不缓苗，定植后直接进入旺盛生长阶段。实践表明，产品可提早7～15天成熟，平均增产26%～28%，产值平均提高35%～40%。

五是改良土壤，培肥地力。泥炭中含有丰富的有机质、腐殖酸、纤维素和氮、磷、钾及多种微量元素，有较强的吸附性，能平衡土壤中盐分含量，调节 pH 值，有很好的离子交换能力。带营养块定植可提高土壤中有益的菌群数量，增加土壤有机质，提高土壤肥力，改善土壤理化性状。

采用泥炭营养块育苗是一种新型的育苗方式，有别于传统的育苗方式，只有正确掌握育苗方法，才能达到预期目的。其具体做法如下：①种子处理。播前将种子晾晒 2 天，提前 1～2 天浸种催芽。种子露白后待播。②做畦铺膜。播前 1 天在育苗地做畦，畦高 5～7 厘米，畦宽 1.2 米，长度依据播种数量而定，将畦面整平压实，上铺农用薄膜，防止水分渗漏、外流和根系下扎。③摆营养块，浇透水。在畦面的农膜上，按播种的数量整齐摆放育苗营养块（选用圆形小孔 40 克营养块），按每 100 个育苗营养块吸水 15 升浇水，分 2～3 次浇完，以便充分吸收。吸水后营养块迅速膨胀疏松，用竹签扎刺营养块，如有硬心需继续加水，直至全部吸水膨胀为止。④播种覆盖。营养块吸水膨胀的第二大，在每个营养块的播种穴里播 1 粒露白的种子，上覆 1～2 厘米厚的专用覆种土，无须按压，育苗块间隙不必填土，以保持通气透水，防止根系外扩。⑤苗期管理。播种后对营养块不要移动、按压，否则易破碎，2 天后即会固结一体、恢复强度，此时方可移动。管理上视营养块的干湿和幼苗的生长情况及时补水，防止缺水烧苗。整个苗期只浇水，无须施肥。定植前 3～4 天停水炼苗，定植时将营养块一起定植，在营养块上面覆土 2～3 厘米，栽后浇透水。

泥炭营养块育苗需注意的事项如下：①定植时应把营养块全部埋在土中，上面至少盖土 2～3 厘米，定植后应浇透水。②老棚地等病害较多的土壤应在定植穴内适当加入杀菌剂，以防止病菌侵染。③达到苗龄应及时定植，若不能按期定植，应采取措施防止出现根系老化和脱肥现象。

6. 盛夏期间如何培育茄子壮苗?

进行茄子越冬栽培,因其价格高、效益好,已被越来越多的菜农所接受。但是要想茄子赶在春节前大量上市,就必须提前在7～8月高温季节育苗。此期由于光照强,气温高,阴雨多,虫害发生严重,不利于幼苗的出土和生长,幼苗经常受到病毒病、猝倒病、强光、暴雨的危害,难以育成健壮的标准苗,经常出现播种量高、出苗难、成苗率低的现象。在此情况下,许多菜农不惜高价购买商品苗,一般每667平方米用苗需开支1 000～2 000元,因而大大增加了生产成本。

寿光菜农在总结土法育苗的基础上,摸索创造出小拱棚遮阳、避雨、防虫的盛夏育苗法。这种育苗法投资小,物料重复利用率高,操作简单,容易掌握,育出的苗成本只有商品苗的1/2左右。它的基本原理是:用遮阳网降低光照强度,用棚膜防止暴雨和减低棚内湿度,用防虫网通风散热,防止昆虫传播病毒;用营养钵防止移苗时伤根,避免移栽后病毒和病菌由根部伤口入侵;用浇水降低地温。其具体操作要点如下:

(1)**确定合适的播种期** 茄子应在7月中旬至8月中旬育苗。如过早育苗茄子收获时价格通常较低;过晚,春节前产量不高,总效益低。

(2)**浸种催芽** 将种子晒2天经50℃～60℃的自然温度消毒,放入400倍的50%多菌灵药液中浸泡30分钟,再用清水浸泡5～12小时,然后用纱网吊挂在阴凉、通风处催芽。每天早、中、晚用冷水冲洗一遍,待种子露白时播种。

(3)**配制营养土** 将充分发酵好的猪栏肥1份和肥沃良

田土3份混合均匀并过筛，每立方米营养土均匀拌上多菌灵250克，然后装入营养钵中压实。

(4)**建造苗床** 选通风之处做苗床，不能将苗床选在温室内及其他菜田中。苗床宽1～1.2米，深10厘米，埂里低外高，宽30厘米，以防雨水流入苗床内。同时，备好长3米的竹片，宽2米的有滴膜，宽1米(40～60目)的防虫网，宽2米、遮光率为50%～70%的遮阳网，以便架设小拱棚。

(5)**播种** 将装入营养土的营养钵紧凑地排列在苗床内，灌透水，水渗后随即将露白的种子放在营养钵里的营养土上，然后将50%多菌灵1500倍液喷洒在土面，覆土厚度控制在0.5～0.7厘米。苗床四周撒上1∶1000倍的麸皮与万灵制成的毒饵，预防害虫进入畦内。在畦面上覆盖上地膜，地膜上盖上报纸、草帘等遮阳物。架好小拱棚，在棚顶盖上薄膜防雨，在薄膜上覆盖遮阳网，注意薄膜和遮阳网不要将小拱棚全部盖严，应在拱棚两边留下40～50厘米的通风带。通风带用40～60目的防虫网盖严(图1-2)。

(6)**苗期管理** 拱棚内幼苗顶端的气温要严格控制在35℃以下，否则，幼苗会发生高温伤害，心叶及叶片边缘会出现"烧干"。地温控制在30℃以下。播种后几天，趁阴天或傍晚撤出地膜，让幼苗自然长出。撤出地膜的时间要尽量掌握合适，过早揭膜，畦面覆土易干，又不能随即浇水，最易因幼苗缺水而发生"吊死苗"；过晚，幼苗易"拔高"，出现高脚苗。

对幼苗病虫害要提前预防，用药浓度要尽量降低，以防止产生药害。通常从第一片真叶出现以后开始用药，一般用50%多菌灵800～1000倍液预防病害发生，使苗床土壤尽量拖后浇水，但必须确保畦面湿润，以防止"吊死苗"。在浇水时最好浇暗水，不浇明水。

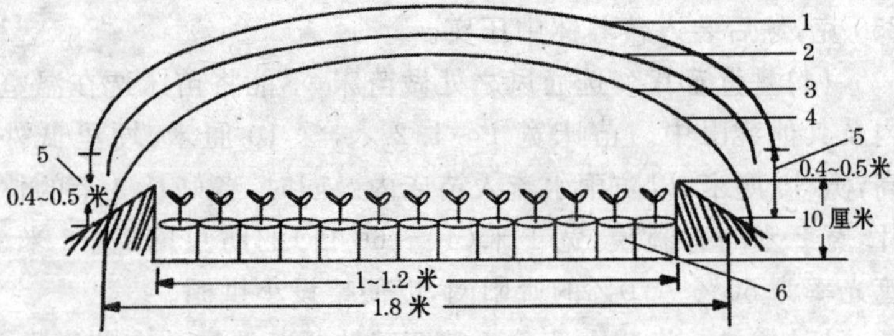

图 1-2　高温期小拱棚遮阳避雨防虫育苗设施示意图

1. 遮阳网：透光率 70%，宽 2 米　2. 防雨膜：无孔洞塑料膜，宽 2 米　3. 竹片：长 3 米，宽 3～4 厘米，间隔 2 米左右　4. 防虫网：宽 1 米，网眼大小 40～60 目　5. 通风带：垂直高度 0.4～0.5 米　6. 营养钵

随着幼苗的长大，要酌情及时浇明水和透水，浇水后随即喷 72.2%普力克 800 倍液，预防猝倒病和其他病害的发生。发现叶片缺肥，可喷洒尿素 500 倍加磷酸二氢钾 500 倍的混合液，用控制浇水的办法调节幼苗长势，非特殊情况，不必用激素调节，否则极易产生无可挽回的损失。

7. 茄子嫁接育苗有什么好处？对砧木有哪些要求？目前常用的茄子砧木有哪些？

(1) 茄子嫁接育苗的好处

一是增强抗病能力。茄子黄萎病、枯萎病、青枯病、根结线虫病均是土壤病害，其病菌在土壤中存活时间长达 3～7 年。这种病原菌具有一定的专化性，只能侵染大果型栽培茄子，对小果型野生茄科植物几乎不产生危害。利用这一特性，采用野生茄科植物做砧木，可避免病菌侵入接穗，有效地防止土传病害的发生。嫁接茄子根系发达，生长快，长势旺，增强了植株的抗病能力，土传病害几乎不再发生，绵疫病、褐纹病等病害发生程度也大大低于自根苗。

二是解决茄子不能连作的难题。通常茄子不能重茬栽培，必须与非茄科作物进行 4～5 年轮作倒茬，而一家一户种植的日光温室很难倒开茬口。有的菜农为了进行保护地茄子生产，不得不年年换土，浪费了大量的人力、物力和财力。实践证明，应用农药很难控制茄子土传病害的发生。茄子嫁接后，由于砧木高抗凫疫，有效地防止了茄子土传病害的发生，使茄子生产实现了重茬连作不发病，有效地提高了土地利用率，经济效益大幅度提高。

三是促进茄子生长。茄子砧木根系发达，吸水吸肥能力强，抗逆性强，嫁接后，接穗得到了充足的水分、养分，生长迅速，秧苗健壮。据观察，嫁接苗定植 15～20 天后，生长势明显超过同期的自根苗，叶面积大，植株高，色泽深，叶脉上出现皮刺。结果期花蕾增多，茄子单果重增加。

四是增产增效。嫁接茄子抗逆性强，植株寿命长，采收期长，产量高。

(2)对砧木的要求 目前，茄子嫁接栽培技术主要应用于日光温室等保护地防病栽培中，要求所用砧木不仅抗病性能要好，而且不能降低茄子果实的品质。具体要求如下：①高抗茄子土传病害。要求所用的砧木品种对茄子黄萎病、青枯病、根腐病、各种线虫病等高抗或高耐病，并且抗性稳定，不因栽培时期以及环境条件变化而发生改变。就目前茄子生产形势来看，预防茄子黄萎病或根结线虫病应是选择砧木所必备的条件。②与茄子的嫁接亲和力和共生力强而稳定。要求嫁接后嫁接苗成活率不低于 85%，定植后生长稳定，不出现中途夭折现象。③不改变果实的形状和品质。要求砧木品种与茄子嫁接后不改变果实的形状和颜色，不出现畸形果。④不削弱植株的生长势，也不造成植株徒长。

(3)砧木品种　茄子嫁接育苗常见的砧木有以下几种。

①托鲁巴姆　托鲁巴姆原产于美洲的波多黎各地区。该砧木的主要特点是同时抗四种土传病害(黄萎病、枯萎病、青枯病、线虫病)，达到高抗或免疫程度，植株生长势极强。根系发达，粗长根较多呈放射状分布，吸收水分、养分能力强。茎黄绿色粗壮，节间较长，叶片较大，茎及叶上有少量的刺。种子成熟后具有极强的休眠性，因此发芽困难，需用激素或变温处理。幼苗出土后，初期生育极慢，特别是低温条件下生长迟缓，长出3～4片真叶后生长速度接近正常。因此，嫁接时需要比接穗提早25～30天播种。该砧木嫁接成活率高，嫁接后除具有高度的抗病性外，还具有耐高温干旱、耐湿的特点，果实品质极佳，总产量高。

②CRP　其抗病性与托鲁巴姆相当，也能同时抗多种土传病害。植株生长势较强，根系发达，但茎叶上密生长刺，嫁接时不易操作。种子的休眠性较强，但比托鲁巴姆易发芽。幼苗出土后，初期生长缓慢，2～3片真叶后生长加快，同普通茄子嫁接时，需要比接穗提前20～25天播种。嫁接后，茄子品质优良，总产量高。

③托托斯加　是从美国引进的品种。生性强健，易发芽，对土传病害有免疫能力，嫁接后的茄子高抗黄萎病、枯萎病、青枯病、线虫病，长势健壮，结果期延长一个月左右，产量提高1倍左右，对茄子品质无不良影响，是替代托鲁巴姆的首选茄子砧木。托托斯加较托鲁巴姆生长快，嫁接时需要比接穗提前15～20天播种。

④日本野红赤茄　从日本引进的茄子嫁接专用砧木。用

该砧木进行茄子嫁接换根，嫁接亲和力强，成活率达 99%以上；防治茄子黄萎病，防效达 98%以上，且根系发达，生长健壮，较耐低温；嫁接后所结的茄子无异味，品质好，结实率高，比当地主栽品种增产 55%～60%。每 667 平方米用种量 20 克。

⑤*耐病 VF* 是日本培育的一代杂交种。高抗黄萎病和枯萎病。根系发达，植株长势强，茎粗壮，叶片大，节间较长。与茄子容易嫁接，嫁接亲和力强，容易成活。种子发芽容易，幼苗出土后生长快，嫁接育苗时只需比接穗早播 3 天。嫁接后植株长势旺盛，耐高温干旱，果实膨大快，品质优良，前期产量和总产量均较高。

⑥*野茄 2 号* 也称野绿茄 2 号。该砧木与茄子亲和力强。嫁接育苗时需比接穗早播 7～10 天。嫁接后植株根系发达，长势旺盛，耐低温，高抗黄萎病。前期生长快，产量高，丰产性好。

⑦*台太郎* 日本农林水产省蔬菜茶叶试验场技术研究所于 1995 年育成。母本是由印度引入的抗青枯病自交系 WCGR112-8，父本是从马来西亚搜集到的抗青枯病和黄萎病自交系 LS1934。该砧木属茄子栽培种（Solanum melonganl），抗青枯病能力和托鲁巴姆一样，属于高抗，同时高抗黄萎病。发芽和幼苗生长良好，和接穗的亲和性也好，砧木和接穗同步生长快而整齐，容易嫁接，且适于机械操作。用同样的接穗品种比托鲁巴姆砧木前期产量高，总产量相同，果形稍长，光泽鲜亮。因生长势较差，故应注意收获后期的水肥管理。适于茄子青枯病重发区的夏、秋栽培。在重病圃上检测，有时也会发病，所以要同时注意采取防病措施。

⑧*粘毛茄* 为野生种，叶为蕨叶型，抗黄萎病、枯萎病、青

枯病、线虫病，植株长势强，茎刺较少，节间长。粘毛茄与茄子易嫁接，嫁接亲和力强，容易成活。种子极易发芽，初期生长快。有较强的抗寒性、耐旱性、耐涝性。嫁接果实品质好。早期产量和总产量均较高。

8. 适合茄子嫁接的有哪些方法？怎样选择茄子嫁接方法？

(1)适合茄子嫁接的方法 主要有劈接法、靠接法、插接法、贴接法和套管接法。山东省寿光市多采用劈接法、靠接法和插接法。

一是劈接法。先将砧木去掉心叶和生长点，而后用刀片由苗茎的顶端把苗茎劈一切口，把削好的菜苗接穗插入并固定牢固形成嫁接苗。其特点是：属于顶端嫁接法，苗穗离地面较高，接合部位也不留多余的茎段，不容易被土壤污染，嫁接的防病效果比较好；技术简单易学，容易进行嫁接操作，嫁接质量也容易掌握；嫁接苗成活期间对苗床的环境要求较为严格，嫁接苗的成活率受管理水平的影响很大，嫁接苗的成活率不容易掌握；劈接苗的接口处容易发生劈裂。

二是靠接法。将茄子苗与砧木的苗茎靠在一起，两株苗通过苗茎上的切口相咬合而形成一株嫁接苗的嫁接方法。其特点是：属于带根嫁接法，嫁接苗不容易失水萎蔫，容易成活，成活率高；靠接带有自根，在嫁接苗成活期间，茄子苗能够自己从土壤中吸取水分，不容易萎蔫，对苗床环境变化的反应不甚敏感，比较容易管理；茄子苗嫁接在砧木苗茎的中上部，此部位的砧木比较粗，较容易进行苗茎的削切和接合操作，技术简单，易掌握。其缺点是：茄子苗的嫁接位置偏低以及茄子苗切断苗茎后留茬太长，苗茎已产生不定根，防病效果不理想；茄苗和砧木的切口较深，嫁接苗较容易从苗茎的接合处发生折断或劈裂，造成死苗。

三是插接法。用竹签或金属签在砧木苗茎的顶端或上部插孔，把削好的茄子茎插入孔内而组成一株嫁接苗的嫁接方法。其特点是：插接法的操作工序少，简单省事，嫁接工效比较高，通常一般人员每天可嫁接 800～1 000 株；嫁接部位不易发生劈裂和折断，茄子和砧木间的接合比较牢固；砧木苗茎的接面截面积较大，嫁接后茄子与砧木间的苗茎结合面积也较大，对茄子和砧木间的上下营养畅流有利，有利于培育壮苗；茄子苗穗距离地面比较远，不容易遭受土壤的污染，嫁接苗的防病效果比较好。其缺点是：插接法属于断根嫁接法，茄子嫁接苗穗对干燥、缺水和高温的反应较为敏感，嫁接苗的成活率高低受气候和管理水平的影响很大，不容易掌握。

(2)茄子嫁接方法的选择

一是根据茄子苗的大小选择嫁接方法。一般来讲，用大茄子苗嫁接育苗，由于苗茎比较粗硬，易于劈裂，应选择劈接法、靠接法等进行嫁接，不宜选用插接法，以免插孔时易插裂苗茎。用小苗嫁接时可选用插接法。

二是根据嫁接育苗的目的选择嫁接方法。如果以防病为主要目的，应选择防病比较好的劈接法、插接法进行嫁接。如果防病并不是主要目的，可根据其他情况选择适宜的嫁接方法。

三是根据嫁接育苗技术水平选择嫁接方法。如果当地的茄子嫁接育苗经验丰富，技术水平比较高，应优先选择防病比较好的劈接法、插接法进行嫁接。如果当地以前没有进行过茄子嫁接育苗，最好选择嫁接苗成活率比较高的靠接法。

四是根据育苗季节选择嫁接方法。高温期育苗，苗床温度偏高，嫁接苗容易失水萎蔫，嫁接成活率一般偏低，苗床管理要求比较严格，如果育苗条件不好，应选择嫁接苗成活率相对比较高的靠接法，育苗条件好时可根据嫁接育苗的技术掌握情况选择其他嫁接方法。低温期育苗，应尽可能选择劈接法和插接法，以提高嫁接苗的壮苗率。

五是根据育苗条件选择嫁接方法。育苗条件比较好的地方，应优先选择有利于培育壮苗的插接法。育苗条件较差的地方，应首先选用劈接法和靠接法。

9. 如何做到接穗和砧木苗的嫁接适期协调一致？嫁接砧木苗粗度和高度达不到要求怎么办？

为了使接穗和砧木苗的嫁接适期协调一致，必须在播期上进行调整。砧木和接穗的播期因所用砧木的品种不同而异，砧木和接穗的播期主要取决于砧木苗的出苗和生长速度，因此要提前播砧木进行错期。待茄子砧木露出子叶时，再播接穗，茄子砧木一般要比接穗提前 20～25 天育苗。砧木种子播种前用赤霉素处理催芽。把包好的种子用 100～200 毫克/千克浓度的赤霉素浸泡 24 小时，取出后用清水洗净，再用清水浸泡 24 小时，然后放入恒温箱内，温度开始调到 20℃处理 16 个小时，再调到 30℃处理 8 小时，每天如此反复调温 2 次，同时每天用清水洗涤 1 次，约 8 天开始发芽，10～12 天后芽基本出齐，待芽长 1～2 毫米时播种最为适宜。这一方法主要目的是打破种子的休眠期，提高种子发芽率和缩短催芽时间。目前绝大多数的寿光菜农都使用这一方法进行催芽。

嫁接适宜时间主要决定于砧木苗茎的粗度，砧木茎粗3～5 毫米，接穗长到 5～7 片真叶且已木质化时为最佳嫁接时期。嫁接部位一般是在砧木第二、第三片真叶之间的节上，所以要特别注意砧木这一节的长度和粗度。同时，为确保嫁接部位远离地面，加强防病效果，一般要求砧木苗的高度不小于10厘米。在育苗过程中，由于砧木苗前期生长缓慢以及环境不良等原因，特别是低温期育苗由于温度偏低、光照不足等原因，嫁接前苗子粗度和高度往往达不到要求。在此情况下，一方面应改善苗床环境，促进砧木苗生长；另一方面，可用20毫克/千克赤霉素溶液喷洒幼苗，以促其生长。

10. 茄子苗劈接法嫁接应掌握哪些要点？注意哪些问题？

(1)**嫁接过程** 当砧木具有5～6片真叶、接穗具有3～4片真叶时即可嫁接。嫁接时，砧木基部留1～2片真叶，将其上部茎切断，从切口茎中央向下直切深约1.2厘米；接穗留2～3片真叶，断茎。将切断的接穗基部茎削成楔形，插入砧木切口，使其吻合，并用嫁接夹固定。注意固定不能太紧或太松。茄子劈接法的嫁接具体操作过程见图1-3。

(2)**嫁接苗管理** 嫁接后，将嫁接苗钵浇足水后放入温室内的小拱棚中，拱棚覆盖塑料薄膜、遮阳网或草帘，以保温、保湿和遮荫。小拱棚内白天温度为28℃～30℃，夜间为20℃～25℃，空气相对湿度为85％～90％，遮荫2～3天后，逐步揭除遮荫物(第四、第五天仅中午遮荫)，第六至第八天可掀开棚底薄膜通风炼苗，此时伤口已愈合，可同时取下嫁接夹转入正常管理。

(3)**茄子苗劈接法嫁接时应注意的问题**

一是茄子苗带叶的数量要适宜。一般来讲，茄子苗稍大一些，留叶稍多一些有利于嫁接后茄子苗的生长和培育壮苗，但留叶过多，茄子苗穗的失水将增多。由于砧木苗茎切面的供水能力是一定的，茄子苗穗失水过多时，必然会因水分供不应求而导致苗穗失水而萎蔫，将影响嫁接苗的成活率，因此应按照嫁接要求留叶，留叶不宜过多。

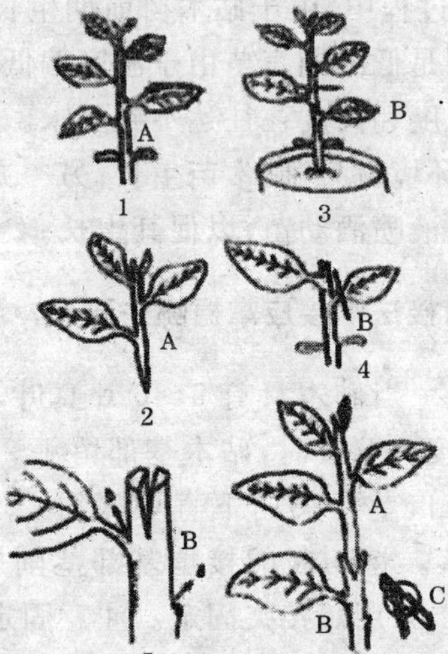

图 1-3　茄子劈接过程

A. 茄子苗　B. 砧木苗　C. 嫁接用夹

1. 起苗　2. 茄子苗削切　3. 砧木苗平茬　4. 砧木苗去叶

5. 砧木劈切、去腋芽　6. 插接、固定接口

二是砧木苗茎留叶不宜过多。砧木苗茎上适量留叶，对提高砧木根系的生长、增强根系的吸水能力、保证嫁接苗成活期间苗穗有充足的水分供应以及提高嫁接苗的成活率有一定帮助，但留叶过多，势必会出现砧木苗叶生长偏旺、茄子苗生长将受抑制的不良现象。因此，砧木苗茎留叶数不应过多，一般要求不超过 2 片。

三是要根据茄子苗的茎粗来确定砧木苗茎的劈切口位置和宽度。如果茄子苗的茎粗与砧木苗相接近，应在砧木苗茎的中部劈一切口进行嫁接；如果茄子苗茎较砧木苗茎稍细，茎粗超过砧木苗茎的1/2以上，应在苗茎的一侧切口进行嫁接；如果茄子苗茎粗尚不及砧木苗茎粗的1/2，应在砧木苗茎的断面上，把砧木的苗茎只劈开1/2左右宽的口，将茄子苗茎的一侧形成层对齐即可。

四是要选用松紧适宜的嫁接夹来固定接口。夹过松时，不易夹牢固，但夹过紧时也容易把苗茎夹伤。适宜的松紧度是：夹住苗茎后，苗茎在夹内不发生滑动或晃动，苗茎也不被夹得变形。

11. 茄子苗靠接法应掌握哪些要点？注意哪些问题？

(1)嫁接过程 当砧木与接穗都具有5～6片真叶时，选取大小相当的接穗与砧木，将接穗带根取出，并保湿。用刀片在接穗上部3～4片真叶处，将叶从基部削去。然后，从该处茎上以30°角倾斜向上削成长约1厘米的舌状切口。砧木从基部2～3片叶处将叶去掉，并在该处茎部以30°角倾斜向下削出长约1厘米的舌状切口，去掉砧木生长点。将接穗与砧木切口对齐插牢，用嫁接夹固定。茄子劈接法的嫁接具体操作过程见图1-4。

(2)嫁接苗管理 靠接接后管理同劈接，但在转入正常管理之前要将接穗的根从接口下方剪除。

(3)茄子苗靠接法嫁接时应注意的问题

一是砧木苗茎留叶不宜过多，一般要求留叶不超过2片。如留叶过多，叶片与接穗争夺养分，不利于接穗的生长。

二是茄子苗带叶的数量要适宜，一般为2～3片。适量的留叶有利于嫁接后茄子苗的生长和培育壮苗。但留叶过多，茄子苗穗的失水将增多，会因水分供不应求而导致苗穗失水萎蔫，影响嫁接苗的成活率。

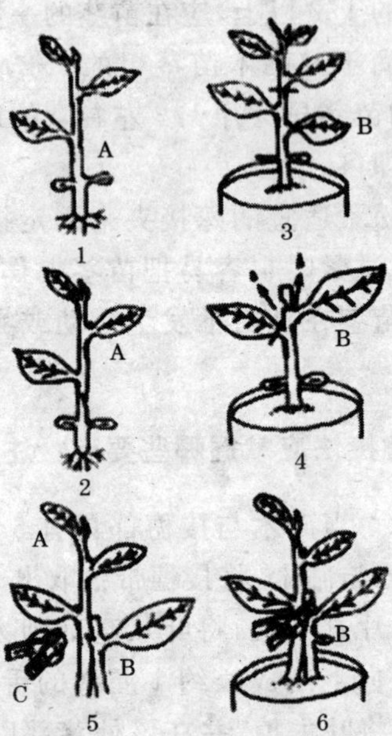

图 1-4　茄子苗靠接过程

A. 茄子苗　B. 砧木苗　C. 嫁接夹

1. 茄子苗　2. 茄子苗削切　3. 砧木苗平茬　4. 砧木削切、去腋芽

5. 接合　6. 固定接口后，两苗相距 1 厘米栽入原营养钵中

三是砧木苗茎的切口位置要高。由于茄子靠接苗的嫁接部位与地面的距离远近，决定于砧木苗茎的切口位置，因此砧木苗茎的切口位置应适当高一些，使嫁接部位与地面保持一定的高度，一般要求切口位置距地面高度不低于 5 厘米。

四是苗茎的切口要保证一定的深度。苗茎的切口深度大小对砧木与接穗间的上下营养与水分流动有一定的影响。切口深的茎苗，接面的截面积也大，有利于上下养分和水分的流动，对提高嫁接苗的成活率和壮苗率有利。切口较浅，接面的截面积相对变小，上下养分和水分流动不畅，不利于培育壮苗和提高嫁接成活率。但切口也不可过深，否则茄子苗与砧木苗容易从切口处折断。一般要求苗茎的切口深度不小于苗茎粗的 1/2，以深度达苗茎粗的 2/3 左右为宜。

五是砧木苗与茄子苗的切口位置要适宜。砧木苗的切口应位于与第二片叶相对应的一侧，接穗苗的切口应位于与第一片叶相对应的一侧。该部位比较空阔，嫁接后，砧木与接穗苗茎能够紧密结合。

六是接面的插接质量要高。茄子苗茎的切面应插到砧木苗茎切口的底部，不要留下空隙。

七是要选用松紧适宜的嫁接夹来固定接口。夹过松时，不易夹牢固，但夹过紧时也容易把苗茎夹伤。适宜的松紧度是：夹住苗茎后，苗茎在夹内不发生滑动或晃动，苗茎也不被夹得变形。

八是嫁接夹要从茄子苗一端入夹，按茄子苗在内、砧木苗在外的顺序，夹住嫁接部位，不要从与切面平行方向入夹，以防止挤裂苗茎。

12. 茄子苗插接法应掌握哪些要点？注意哪些问题？

(1)嫁接过程 当砧木长到 3 片真叶、接穗长到 1～2 片真叶时即可进行嫁接。先把砧木在第一片真叶以上部位水平剪断，在剪口部位用细竹签（竹签粗细应与接穗茎粗细相仿）插一个 3 毫米深且略为倾斜的小孔，接穗小苗用刮胡刀切去根系（嫁接前需对刀片、竹签等嫁接工具进行消毒），再将小苗子叶下部削成 2.5 毫米长的楔形切口，把接穗插入砧木的小孔中。嫁接必须在遮荫棚内进行。茄子插接法的嫁接具体操作过程见图 1-5。

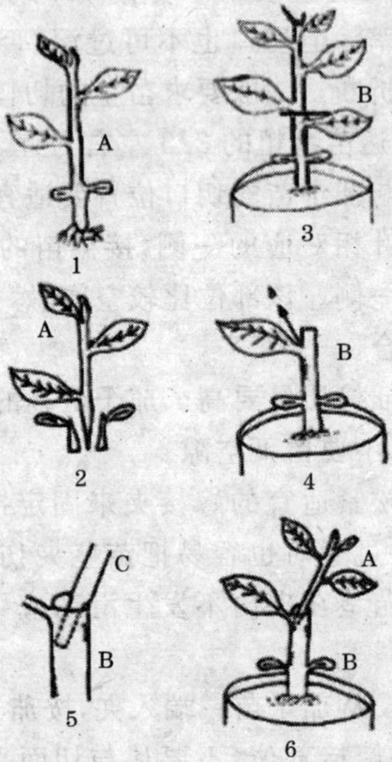

图 1-5　茄子苗插接过程

A. 茄子苗　B. 砧木苗　C. 竹签

1. 茄子苗起苗　2. 茄子苗削切　3. 砧木苗平茬

4. 砧木去腋芽　5. 砧木插孔　6. 茄子苗插接

(2)嫁接苗管理　完成嫁接后的苗子要在特别准备的苗床中保温、保湿、遮荫培育，才能很好地使伤口愈合，提高成活率。

(3)茄子苗插接法嫁接时应注意的问题

一是要适时嫁接。由于嫁接苗茎为实心，插孔时容易将苗茎插裂，特别是砧木苗偏大、苗茎变硬后，更容易被插裂，造成嫁接后苗穗松动，与砧木接触不紧密，而降低嫁接质量。因此，插接法应在砧木苗茎尚幼嫩时进行，适宜的嫁接时间为3～4片叶期。嫁接过早，苗茎偏细，容易被插裂。栽培茄子苗通常较砧木苗茎加粗较快，应比砧木苗小一些、细一些，一般嫁接时应较砧木苗少1～2片叶，以2叶期嫁接为宜。嫁接过早，虽然苗茎较细，有利于插接，但苗茎组织太嫩，容易萎蔫，成活率不高。

二是茄子苗和砧木苗留叶数量不宜过多。茄子苗适宜的留叶数量为2片，砧木苗为1片。要选用苗茎粗细相协调的茄子苗和砧木苗进行配对嫁接。适宜的茄子苗苗茎粗应比砧木苗茎稍细一些，以不超过砧木苗茎粗的3/4为宜。如果苗茎过粗，插孔时会因竹签太粗而把砧木苗茎插裂。但茄子苗茎也不应太细，否则会由于两苗的结合面积太小，而不利于培育健壮的嫁接苗，一般要求茄子的苗茎粗不小于砧木茎粗的1/2。

三是要注意茄子苗穗的保湿。插接法的茄子苗偏小，苗茎幼嫩，失水快，容易萎蔫。特别是削切后的茄子苗穗，由于得不到根系供水，更容易失水变软，导致插接困难。

四是茄子苗茎的插入深度要到位。要把苗茎的切面全部插入砧木苗茎的插孔内，不要露在外面；茄子苗茎要插到砧木苗茎插孔的底部，避免留下空隙。

13. 提高茄子嫁接成活率的关键技术有哪些？

(1)高温高湿，促进愈合 茄子嫁接后前3天是接口愈合的关键时期，光照、温度、湿度要求严格，在管理上要特别注意。白天小拱棚内温度保持在25℃～28℃，夜间在20℃～22℃，空气相对湿度在95％以上，即小拱棚内膜面均匀地布满水珠。嫁接后前3天，小拱棚完全关闭，用草帘遮荫，第四天开始早上适当地在小拱棚顶部打开 5 厘米的小缝进行通风换气，中午前关闭。以后每天逐渐增加通风时间，增大通风缝，第八天以后，早晨将小拱棚顶部打开 20 厘米，晚上关闭。在嫁接苗完全可以通风后，给嫁接苗叶面喷雾0.2%磷酸二氢钾和72.2%普力克 600 倍混合液，以防止接穗叶片黄化病变。

(2)清水喷灌，防止萎蔫 嫁接后第四天，开始使嫁接苗在清晨、黄昏见弱光，出现萎蔫之前放草帘遮荫，直到嫁接后第十天，小拱棚打开通风以后，拱棚内湿度会迅速降低，甚至低于 75%，需要给拱棚内增加湿度，可在上午 10 时左右用清水在小拱棚内膜面上喷雾。在遮荫的情况下，如接穗仍出现萎蔫，可对内膜面和接穗叶面进行喷雾。第八天左右用小水漫灌嫁接苗床，估计水能渗透营养钵为止，浇水后推迟关闭小拱棚，拱棚内空气相对湿度控制在 75%左右。

(3)及时移苗，补充养分 嫁接后第十天拆掉小拱棚，中午用遮阳网遮荫以降低温度，昼温控制在 22℃～26℃，夜温 12℃～15℃，空气相对湿度降低到 75%以下，使营养钵保持湿润。12 天以后，对嫁接苗进行分级管理，选晴天剔除嫁接苗砧木上新萌发的侧枝和接穗上的黄叶、病叶，将弱小苗和健壮苗分开摆放，摆放时营养钵之间距离 3 厘米，扩大嫁接苗光照面积。苗床摆满后，大水漫灌苗床，水灌至营养钵高度的 1/2为止。以后，营养钵表土发白即进行浇水，上浇下灌，直到定植前 10 天。分级管理后用 0.1%磷酸二氢钾浇灌 1～2 次嫁接苗，每钵浇 0.25 升溶液以补充养分，促进嫁接苗花芽分化。

14. 如何利用茄子老株分蘖培育嫁接苗？如何用少量接穗种子培育足量嫁接苗？

(1)**培育砧木**　当砧木茎粗达3～5毫米、高度达10厘米以上时，采用劈接法嫁接。

(2)**接穗的选择**　嫁接老株分蘖(老芽子)一定要在嫁接前管理好所选择接穗的植株，保证选择的老株分蘖无病虫害。若选择的老株分蘖有虫害或病害，不仅容易造成嫁接成活率低，而且会加重嫁接后的管理难度。分蘖最好选用植株较幼嫩的芽，以便嫁接后的伤口愈合。

(3)**喷营养液**　在嫁接前，不管是砧木苗，还是接穗植株都要喷一遍爱多收6 000倍和硼砂600倍混合液，因为爱多收能促进植株体内原生质的流动，硼是作物生长点生长所必需的微量元素。喷施这两种物质能够提高嫁接成活率。

(4)**嫁接**　在嫁接前1天，一定要浇灌一下砧木和接穗植株，增加植株的含水量，以利于嫁接成活。采用劈接法嫁接，具体操作过程详见问题10。

(5)**嫁接后的管理**　茄子接口愈合期为9～10天，这一阶段主要是创造适宜的温度、湿度及光照条件，以促进接口快速愈合。

温度　茄子嫁接苗愈合的适宜温度，白天为25℃～26℃，夜间为20℃～22℃。温度低于20℃或高于30℃均不利于接口愈合，影响成活。早春温度低的季节嫁接，除架设小拱棚外，最好还要配置电热线，用控温仪调节温度。高温季节嫁接，要采取办法降低温度，如搭荫棚，用黑色遮阳网覆盖等。

湿度　茄子老株分蘖嫁接成活率与环境内的空气相对湿度关系极为密切。嫁接后1周内空气相对湿度要达到95%

以上，环境内空气湿度的控制方法是：嫁接完毕后将小拱棚内充分浇水，盖严小拱棚，6～7 天内不进行通风，6～7 天后揭开小拱棚底脚少量通风，9～10 天后逐渐揭开塑料膜，增加通风时间与通风量，但仍应保持较高的空气湿度，每天中午喷雾 1～2 次，直至完全成活，才转入正常的湿度管理。

光照　嫁接后需短时间的遮光，实际上是为防止高温和保持环境内的湿度稳定，避免阳光直接照射秧苗，引起接穗萎蔫。遮光的方法是在塑料小拱棚外覆盖上草帘（或纸被或报纸），嫁接后 3～4 天要全部遮光，以后半遮光（两侧见光），逐渐撤掉覆盖物及小拱棚塑料膜，10 天以后恢复正常管理。如遇阴雨天可不用遮光。注意遮光时间不能过长，否则会影响嫁接苗的生长。

除砧木萌叶　由于嫁接时切除了砧木的生长点，这样会促进砧木侧芽萌发，特别是经过一段高温、高湿、遮光的管理，侧芽生长很快，如果不及时去掉，将很快长成新叶，直接影响接穗的生长发育。所以，在接口愈合后，应马上摘除砧木萌叶，一定从叶子基部摘除，去除干净彻底，避免再萌发。

(6)培育优质嫁接苗　根据利用茄子老株分蘖培育嫁接苗的原理，生产中可以用少量的接穗种子，培育优质嫁接苗。每 667 平方米若定植茄子 2 200 株，可购买种子 500～800 粒，播种后利用茄子植株的分枝特性培育足够的接穗。在培育接穗时，注意不要让茄子植株开花，见花即除，每粒种子要培育 4～5 个无病虫害、无花的优质接穗。具体的嫁接方法参阅老株分蘖培育嫁接苗。

采用少量的接穗种子培育嫁接苗的好处，一是可降低购种成本。此法适宜于价格昂贵的进口茄子种子。按 1 粒种子 0.30 元计，每 667 平方米定植茄子 2 200 株，可少购种子

1 400～1 700 粒，节省开支 420～510 元。二是产量比用老株分蘖培育嫁接苗要高得多。这是因为用种子直接繁殖接穗，不存在衰老现象。

15. 什么是扦插育苗技术？如何进行茄子扦插育苗？

扦插育苗是利用某些蔬菜的一定部位容易产生不定根的特点，取这些部位，用植物生长调节剂进行处理，并在适宜的环境条件下培养，促使其发根生芽，形成新的幼苗的育苗方法。蔬菜扦插可增加蔬菜的繁殖系数，加速育种的进程，并能保持品种的纯度；扦插育苗较播种育苗节省种子，育种时间短，管理方便，成本低，并可进行立体育苗，节省空间，在生产上具有较大的推广价值。扦插育苗非常适宜价格较贵的进口茄子品种。

扦插育苗必须选择茄子上适宜的扦插部位和扦插方法，以适当的生长调节剂处理，插后进行合理的温度、湿度管理，才能使扦插成功。扦插育苗应掌握如下几个技术环节。

(1)选择扦插材料 扦插材料必须是茄子上易于产生不定根的部位，如侧枝上的生长部位。部位不同时，茎组织的老嫩程度和营养物质的含量不同，水插后发根的速度和数量也不同，一般枝条顶端水插后发根多，移栽后生长快，开花结果多。因此，水插育苗的插条，以选择整枝时粗壮的侧枝为好，每株茄子可取 7～8 个插枝。插条的长度以 8～12 厘米为宜，插条切口要平滑，并在室内待切口自然干燥、愈合后再进行扦插，以减少腐烂，并增加发根数和根的长度。

(2)植物生长调节剂处理 应用吲哚乙酸、吲哚丙酸、吲哚丁酸、萘乙酸或 2,4-D 等植物生长调节剂，均能促进扦插材料生根，提高成活率。茄子以 2 000 毫克/千克萘乙酸快速浸蘸侧枝基部的效果为最好。

(3)扦插方法　常见的方法有水扦插法和基质扦插法两种。茄子扦插育种多用水扦插法。作为扦插用的基质，要求质地疏松、透气性和保水性好，不易造成扦插材料腐烂。常用的基质有蛭石、珍珠岩或沙与菜园土以 1∶1 比例混合。可用育苗盘(箱)或育苗床铺放培养基质，扦插前用福尔马林 100 倍液喷洒消毒，然后扦插。

水扦插法操作简单，但不如基质扦插法易管理。

(4)扦插后的管理　扦插后发芽、生根的快慢及成活率的高低，一方面受扦插材料的影响，而更重要的是受扦插成活过程中的温度和湿度的影响。茄子扦插温度要求为 22℃～30℃，温度过高、过低都对扦插成活不利。温度过低(低于 15℃)时，可在苗床上盖小拱棚，并在夜间加盖草苫；温度过高时，可用苇帘遮盖降温。空气相对湿度一般为 85%～95%。至于光照，在扦插后 3 天内可进行遮光，第四至第六天中午前后遮荫，第七天后不必遮荫，特别是在幼苗开始生长时更需要见光。当幼苗形成了完整的根系，并达到适宜苗龄时，便可移栽到棚室中。

16. 如何进行茄子砧木托鲁巴姆扦插育苗?

托鲁巴姆价格较高，为了节约成本，可采用多茎扦插的方法培育砧木。托鲁巴姆属茄科，直立无限生长，茎木质化，每隔 4～10 厘米长 1 片叶，每片叶的叶腋内着生侧枝，侧枝叶腋内又生侧枝，由于其分枝旺盛、侧枝发达，利用侧枝进行扦插，成活率可达 95%，扦插后的枝条 7～10 天长出白根，30～35 天即可进行嫁接。

其具体嫁接方法如下。

(1)选择侧枝 在生长期间对托鲁巴姆植株进行多次修剪,剪掉生长点,以促其大量萌发侧枝。选择粗0.3～0.4厘米的侧枝,留2～3片叶,在长约10厘米处剪断,注意不要选带花穗的侧枝。用锋利的刀片将其基部削成45°角的斜面。

(2)药剂处理 为促进生根,可用200毫克/千克萘乙酸或100毫克/千克吲哚乙酸,或用这两种药剂的混合液浸插穗基部1～2小时。

(3)扦插 将药剂处理的枝条直接插入土壤中,扦插深度5厘米,株行距8厘米×10厘米,扦插后扣棚,约半个月后长出侧根。

(4)扦插后管理 搭遮荫棚。扦插后的第二天上午可用0.1%尿素加0.2%磷酸二氢钾混合液进行1次叶面喷肥,以减轻扦插苗的萎蔫程度。控制空气相对湿度在90%左右,白天气温在22℃～30℃,夜间在12℃～18℃。6～7天后撤去遮荫棚,进入正常管理。保持空气湿润,晴天地面干燥时可浇少量清水。也可用500倍多菌灵加800倍萘乙酸溶液灌根来替代浇水,以防止病菌侵入,促使基部生根。

(5)嫁接 扦插后7～10天托鲁巴姆插条基部即生出白根,30～35天后插条长出5～6片叶,根系长为5～6厘米时,即可用于嫁接。

二、茄子栽培管理

17. 日光温室茄子高产栽培为什么选用高垄定植？如何起高垄？

根据温室茄子生长特点及栽培环境特点，要求采用高垄栽培茄子(图 2-1)，不要采用平畦栽培茄子。其优点有如下 5 个：①易于覆盖地膜，便于进行地膜覆盖栽培。②浇水后地面不板结，土壤疏松，透气性好，冬、春季节地温高。深冬时高垄 10～15 厘米深处的土温显著高于平畦同样深度的土温，一般高出 3℃左右。这是茄子深冬栽培成功的关键措施之一。③可根据需要进行隔沟浇水或逐沟浇水，浇水量易于控制。④覆盖地膜后，可进行地膜下浇暗水，避免浇水后引起空气湿度过高，防病效果好。⑤高垄三面受光，较平畦一面受光显著提高了受光面积，故能使高垄土温迅速提高。

起高垄时，要特别注意以下几点：一是南北向起垄，大垄沟和小垄沟的沟底都要基本水平；二是在整平的地面上先按大行(80～100 厘米)、小行(40～60 厘米)分别划深 5～10 厘米、宽 7～10 厘米的沟，顺沟轻浇小水，接着定植茄苗，然后顺沟覆土成垄。

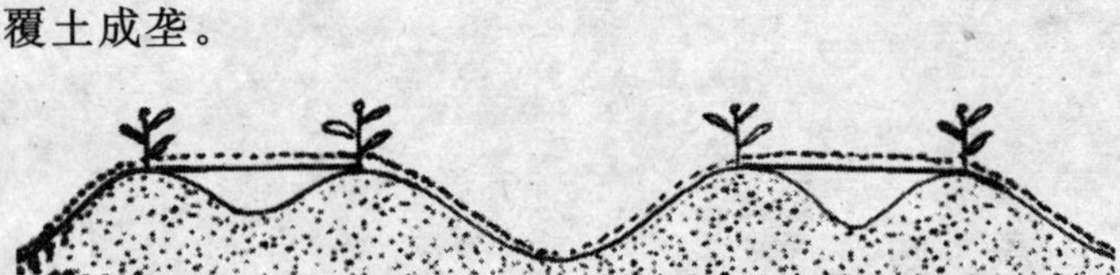

图 2-1 茄子高垄定植示意图 (单位:厘米)

18. 日光温室秋冬茬茄子为什么要求采用地膜覆盖栽培？怎样覆盖地膜？

温室秋冬茬茄子要求采用地膜覆盖栽培形式的主要原因有如下 6 个：①降低空气湿度，减少发病。温室秋冬茬茄子入冬后，温室内的温度下降比较快，温度偏低，通风量也相应减少，空气湿度容易偏高，而加重茄子发病。因此，应采取地膜覆盖栽培形式，减少地面的水分蒸发，以克服温室通风量不足所带来的空气湿度过高问题。②有利于浇水管理。通过采取地膜覆盖栽培形式，利用地膜的隔水特性，在地膜下直接进行暗浇水，这样做浇水方便也不伤根，有利于温室内的浇水管理。③减缓地面热量散失，提高土壤温度。④用地膜阻隔土壤中的肥气挥发，避免茎叶发生有害气体中毒。⑤防止地面板结，保持土壤疏松。温室秋冬茄子定植后一段时间内，温度比较高，光照也较强，一般定植后不要马上覆盖地膜，等到缓苗开始发棵后覆盖地膜。另外，采取先栽苗后培土起垄法种植时，也必须先栽苗后覆盖地膜。但地膜也不宜覆盖过晚，否则覆盖地膜时植株已长大，不仅不利于操作，也容易伤害茎叶。适宜的地膜覆盖时期为茄子发棵初期。⑥防止滋生杂草。用黑色地膜覆盖，可防止杂草产生。

高垄栽培应采取隔沟支拱棚的方法覆盖地膜。覆膜后用刀片在育苗相对应处划“一”字形的口，把苗从口中取出。

19. 茄子整枝需要注意什么事项？

概括起来讲，茄子整枝应注意以下事项：①门茄以下的侧枝应及早全部抹掉。②整枝时间要适宜。为减少发病，应选晴天上午整枝，不要在阴天或傍晚整枝，以免抹杈后伤口不能及时愈合，感染病菌，引起发病。③整枝抹杈时机要适宜。抹杈不宜太早，可利用侧枝诱使根系扩展，扩大根群。适宜的抹杈时机是侧枝长到6～8厘米长。④整枝抹杈的位置要适宜。要从侧枝基部1厘米左右处将侧枝抹掉，留下部分短茬保护枝干。不要紧贴枝干将侧枝抹掉，避免伤口染病后，直接感染枝干。同时也避免枝干上留下大的伤疤而妨碍枝干的营养流动。⑤整枝抹杈的用具要适宜。要用剪刀或快刀将侧枝从枝干上剪掉或割掉，不要折断硬劈，避免伤口过大或拉伤茎秆表皮。⑥不要伤害茎叶。抹杈时的动作要快，不要拉断枝条，也不要碰断枝条或损伤叶片。

20. 日光温室茄子支架好还是吊架好？怎样进行吊架？吊架引蔓应注意哪些事项？

温室茄子适宜吊架栽培，这是因为支架栽培用的支架数量比较多，不仅妨碍田间操作，而且遮光也比较严重，同时支架（竿）费用较高，将增加生产成本。

茄子吊架应选用无色塑料绳。在每行茄子上方南北向各拉一道10号或12号铁丝。将绳的一端系在茄子栽培行上方的铁丝上，下端用宽松的活口系到侧枝的基部，每条侧枝一根绳。用绳将侧枝轻轻缠绕住，使侧枝按要求的方向生长。

吊架引蔓应注意以下事项：①缠蔓的动作要轻，不要折断枝蔓。②吊绳不要太紧，防止拉断侧枝或将植株从地里拔出。适宜的吊绳松紧度是，缠枝蔓后枝干能够在小范围内四下摇摆。③要根据植株的生长状况确定枝干的倾斜度。一般来讲，生长势较强且有徒长趋势的植株，应采取大角度斜拉枝法，以抑制枝干的生长速度，促进果实发育；长势偏弱品种应采取小角度斜拉枝干，保持枝干一定的生长势，以延长结果期。④要选晴天午后暖和的时候，在植株枝干失水、质地变得较柔软时进行吊蔓。⑤系蔓的绳扣得不要太紧，防止勒断枝干。且定期松动绳扣，一般20～30天松动1次。⑥结合缠蔓，将枝干上的老叶、病叶以及病果等打掉。

21. 日光温室茄子幼苗期和结果期怎样进行田间诊断？

(1)**幼苗期** 若叶片展开不久，叶片颜色加深或出现紫色，是苗床温度特别是土壤温度较低的表现。当苗床土壤温度过低，且持续时间较长时，幼苗叶片无光泽，或叶缘干枯，此时根部不仅没有新根长出，且根的颜色暗淡、变褐。苗床土壤氮肥充足、夜间温度适宜，则叶片肥大、厚实，叶色浓绿；反之，氮肥不足、夜间温度高、光照不足等，常造成叶色淡、叶片薄。当夜间温度过高时，植株还表现为叶柄和茎的夹角变小，顶部新叶的尖端下垂。

(2)**结果期** 植株最上面的花将开放时顶梢部分应有已展开的幼叶2～3片，只有1～2片展开时，是长势弱的表现；从上向下看，已开花部位距顶端应有10～15厘米距离，如不足10厘米，是长势弱的表现。靠近顶端的幼叶在夜间直立向上，表明根系机能正常；反之，则可能是根系受到损伤，灌水不足或地温偏低。茄子果实着色不好的主要原因是受光不良或昼夜温差小，摘除部分叶片可有所改善，但不可摘除过多，否则将影响果实膨大，植株长势变弱。果实无光泽，表明土壤缺水或根系在低温条件下机能受到影响。激素处理浓度过高过密或使用后温度高会使果实发皱或裂果。在花柱头上涂2,4-D会引起裂果等现象。中后期温度管理要比采收前高一些，上午为26℃～32℃，下午为24℃～30℃，上半夜为18℃～24℃，下半夜为15℃～18℃。

22. 夏季日光温室内温度偏高怎么办?

夏季温室内温度偏高的主要原因是强光照射以及温室通风不足,可采取以下措施把温度降下来。

(1)**采取遮阳措施,避免强光照射** 茄子越夏期间宜选用SZW14-SZW-16型、遮光率为50%以上的遮阳网遮光降温。如果蚜虫发生严重,应选择银灰色遮阳网,加强温室的防蚜效果,减少蚜虫为害。

温室覆盖遮阳网主要有以下两种形式:①外遮阳覆盖,即直接覆盖在塑料薄膜上。这种方式遮阳效果好,降温效果也比较好,但容易遭风害,防风效果差。②内遮阳覆盖,即将遮阳网挂在塑料薄膜下。这种方式不易遭风害,防风效果好,对温室的采光影响不大,但降温效果不好。

(2)**多设通风口,散热降温** 调节棚内的温度、湿度和二氧化碳的浓度,把高温、高湿和有害气体尽快排出,补充新鲜空气。在山东省寿光市多采取全部打开顶部通风口并撤掉棚室前裙膜进行前后对流大通风的方法进行降温(图2-2)。

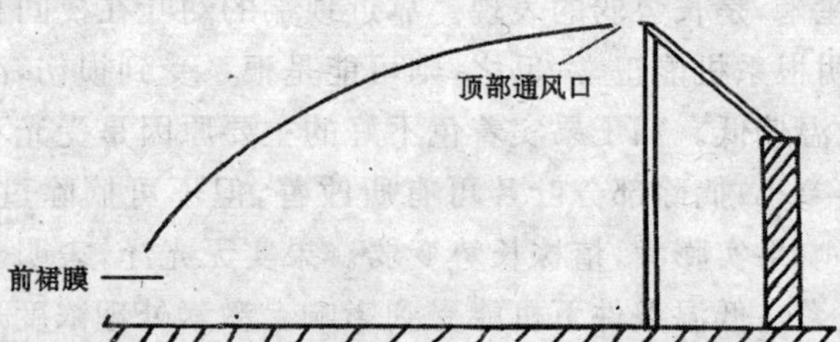

图2-2 越夏期间温室通风方式

(3)**浇水、喷水,减少地热贮存** 在异常高热的条件下,适时浇水,可使地面降温1℃~3℃,用清水直喷叶面,可降温

1℃左右。浇水后可在地面覆盖麦秸等。

(4)**根外喷肥** 用磷酸二氢钾、过磷酸钙及草木灰液连续对茄子作叶面喷施，既有利于增湿、降温，又能补充水分和养分。气温越高，越要增加用水量，喷施浓度要低于常量。

(5)**喷施植物生长调节剂** 用200毫克/千克比久溶液喷洒茄子，可提高植株抗热性。

23. 日光温室茄子行间覆草有什么好处？如何操作？

日光温室茄子一般都采取高垄种植。高垄覆地膜，两个高垄中间留35厘米左右的空背，作为田间管理和采摘茄子时的人行道。据试验，在空背上铺草是实现茄子优质高产行之有效的实用技术。其好处有如下5点：①提高土壤肥力。据测定，每667平方米铺草750千克，腐熟后提供的氮、磷、钾养分相当于硫酸铵18.75千克，过磷酸钙6.25千克，硫酸钾3.75千克，并且能抑制杂草生长。②提高地温。空背铺草后，夜间可防止热量扩散，白天能吸收一定热量，再加上杂草腐烂过程中散发的热量，可明显增加室内温度。③防止土壤板结。进行田间管理和采摘茄子需经常行走在空背上，因而容易导致土壤板结。由于铺草后土壤通透性常期处于良好状态，可为根系向地表伸展，扩大水肥吸收范围创造有利条件。④减轻病害。温室中的水分和湿度是诱发茄子霜霉病的重要原因，空背铺草后，减少了地表水分的蒸发，有效地控制了室内湿度，从而在一定程度上能减轻霜霉病和其他病害的发生和危害。⑤省工省水。据调查，栽培冬春茬茄子，从摘第一个果实到拉秧，铺草后一般可减少浇水5～8次，每667平方米节约用水200立方米，节省人工12个左右。

铺草的具体做法：把各种杂草、麦秸、玉米秸、稻草等铡成

10 厘米左右的小段，在茄子结果前，秧苗不太高时，选择晴天12～14 时铺在空背上，厚度一般以 5 厘米左右为宜。

24. 遇灾害性天气时，日光温室生产茄子怎样管理？

节能日光温室茄子生产上的灾害性天气主要有持续阴雪(雨、雾)天、持续低温、罕见的极端低温、暴风雪等。尽管这些灾害性天气出现的频率很低，但是一旦遇到，轻者显著减产歉收，重者绝产绝收。应对以上灾害性天气，需采取以下措施：①优化结构，提高保温效果。越冬栽培，应选用采光和保温性能良好的日光温室。②冬季管理以“保”为主，提高植株抗性。苗子不仅要锻炼，而且在冬季管理中要保持偏低温度，采取保守的措施，确保植株安全越冬。白天保持 25℃～28℃，不超过 30℃的室温，夜间保持 10℃～14℃，不超过 18℃。在配合打药防病的同时，喷 1∶1 的糖、氮 200 倍液，或加 0.5%葡萄糖和 0.3%磷酸二氢钾，不仅可提高抗性，而且还可提高抗霜霉病的能力。③遇到连阴雨雪天气，在保温的前提下多见光，应尽量利用阴天的散射光。只要揭开草苫后温度不下降，就要揭苫；即使外界温度较低，揭开草苫后温度有所下降，也要在中午前后揭开草苫，让植株见 0.5～1 小时的散射光，或者前揭后盖，以保证植株每天见光。在无温可保的条件下要加温。如果连阴天气时间过长或极端低温出现时间长，室内温度持续下降，就要在温度降到生长将要受害前进行补充热量，增加温度，以确保植株不受寒害。④阴雨雪天过后要回苫。往往在阴雪天过后放晴时，揭开苫后由于植株水分失衡，导致萎蔫，轻则生长点受损，重则全棚茄子死亡，这时要注意采取回苫措施，其方法为当天转晴后应早揭苫，使其在清晨的阳光下就见光，逐渐适应，若发现植株出现萎蔫时，应及时将草苫盖上，等植株恢复后再揭开，若出现萎蔫现象，应再把草苫盖上，如此反复几次即可。也可回苫后结合叶面喷水，调节水分平衡。

25. 日光温室冬春茬茄子冬季为什么主张浇温水？怎样获取温水？

茄子性较喜温，适宜的土壤温度为26℃左右。耕层温度低于12℃时，茄子根毛停止生长。地温长时间低于10℃时，容易发生寒根，如果同时土壤湿度也比较大，还容易引发根系腐烂。因此，冬季浇水应慎重，不得大量浇冷凉水，最好浇温水。浇温水后不降低地温，相反却能适度提高地温。

获取温水有如下3种方法：①利用深层地下水。深层地下水的温度较地面水的温度高，适合冬季温室内浇水，可利用水泵提取深层地下水进行浇水。②在温室内预热水。在温室内修建一贮水池，上用透光性能好的塑料薄膜覆盖，利用温室内的光照以及温室内多余的热量给水加温，使水升温。待池水温度升高后再浇水。③太阳能预热水。在温室顶部安装1～3部太阳能热水器，将加热后温度适宜的水贮存于温室内的水池内，浇水时从池内提水即可。

26. 冬季日光温室内为什么不宜大水漫灌？怎样浇水好？

温室内冬季浇水不宜大水漫灌的主要原因有2个：一是明显降低地温，妨碍根系对养分的吸收，影响其正常生长；二是容易增加温室内的空气湿度，引发病害。冬季温室浇水的适宜方法有以下4个。

(1)小水勤浇　每次浇水量要小，通过增加浇水次数来满足茄子正常的需水要求。小水勤浇的主要目的，一是保持温室较高的地温；二是保持茄子的正常生长需水。

(2)浇暗水　要坚持做到膜下暗灌，有条件的可实行膜下滴灌。这样可以有效地阻止地面水分蒸发，降低温室内的空气湿度，防止病害发生。

(3)浇水时间　最好选在晴天的上午进行，此时水温与地温比较接近，浇水后根系受刺激小、易适应，同时地温恢复快，可有足够的时间排除温室内的湿气。午后浇水，会使地温骤变，影响根系的生理机能。下午、傍晚或雨雪天都不宜浇水。

(4)升温排湿　在浇水的当天，为尽快恢复地温要封闭温室，提高室内温度，以气温促进地温。待地温上升后，及时通风排湿，使室内的空气湿度降到适宜的范围内，以利于植株的健壮生长。

27. 冬季日光温室内是否需要通风？怎样进行通风？

冬季温室内的温度偏低，为保持温度，温室一般较少通风，容易造成温室内的空气湿度偏高，有害气体的浓度也容易增大。另外，温室长时间不通风，温室中的二氧化碳气体含量将明显下降，妨碍茄子正常的光合作用。因此，在确保温室温度需要的前提下，冬季也要对温室进行通风，特别是浇水后几天以及喷药、喷肥后，更要加强温室的通风管理。

冬季温室通风，要在上午温室内温度升到28℃以上后开始，特殊情况下也可以在温度升到30℃以上后开始通风。冬季的通风量比较小，一般只需扒开顶部通风口即可，不可打开温室前脸裙膜通风。下午，当温室内的温度下降到25℃后关闭通风口。

28. 冬季日光温室内光照不足怎么办?

冬季日光温室内光照不足时,可采取以下 7 种方法加以解决:①选用新膜,最好用无滴防老化膜或热效膜。②采用压膜线压膜,即温室盖上棚膜将棚膜四周固定后,在棚膜上面南北拉上压膜线(每隔 0.75～1 米拉 1 根,膜前固定在地锚上,在温室的后坡上提前固定好 1 根粗度不小于 8 号的铁丝,将压膜线的北段固定在铁丝上),将棚膜压住,防止棚膜被风刮起。此法代替了过去用小竹竿压膜的方法,增加了透光率。这是因为压膜线比竹竿细,遮光少,温室内进光多,有利于提高棚室内的温度,促进光合作用。③在保温的前提下,塑料膜上的草帘等覆盖物尽量早揭晚盖,以延长光照时间。有条件的地方应尽量选用电动卷帘机,缩短卷放草苫时间,相对延长光照时间。④利用反射光。可把墙壁涂成白色或银白色,或在北墙铺设反光幕(详见 58 问),以增加反射光和提高光照强度。⑤经常擦拭棚膜,以提高棚膜的透光率,增强棚室内的光照强度和有效到达率。及时除去棚膜上的水滴和积雪,以增加棚膜透光强度。⑥棚室茄子栽培,宜采用前低后高的栽培方式,以减轻茄子植株对阳光的阻挡,提高光照到达棚室的到达率和光照的有效利用率。采取及时整枝打杈、绑蔓及摘除老叶等措施改善光照条件。⑦光照不足,其他条件再好,棚室作物也无法正常生长发育。因此,如果棚室内光质与光照时数不足时,可利用电灯进行人工补光。一般可采用日光灯、高压水银灯等光源进行人工补光。

冬季日光温室增强光照的具体做法有如下 3 点:①补光强度。人工补光,要求光照强度要大,以 1 000～3 000 勒为宜。②光源。研究表明,作物对红光和蓝紫光吸收能力最强,所以灯源以日光灯、高压汞灯、弧氙气灯为好。灯源强度：40瓦的日光灯3根合在一起，离苗45厘米处照射，光照度为3 000～3 500勒，100瓦的高压汞灯离苗80厘米处，光照度为800～1 000勒。③补光时间。冬季补光应在卷苫前和下午盖苫后进行，一般补光掌握在每天2～3小时，棚内光照度增大后停止。阴雨天气可全天补光。

29. 冬春茬茄子日光温室内温度偏低怎么办？怎样保温增温？

茄子较耐低温，在冬季日光温室生产中是一个成功率比较高的作物。但在灾害性天气条件下，若不注意保温增温也会导致生产失败。保温增温的措施有以下9项：①选择采光保温性能良好的温室结构。②注重建造时的标准要求，防止后坡过薄或脊上薄膜密封不严。③要求草苫有一定的厚度，特别是致密性要好，不能用蒲草苫。④用透光保温好的聚氯乙烯农膜，并经常清扫农膜。⑤注意地面覆盖地膜，并封死引苗孔。注意扣膜和固定农膜方法，防止农膜起皱影响无滴性。⑥有条件时，后墙和两山墙加挂反光幕。详见58问。⑦增加草苫外的防雨保温塑膜，即浮膜覆盖保温。浮膜覆盖是日光温室深冬生产蔬菜时，傍晚放草帘后在草帘上面再盖上一层薄膜，周围用装有少量土的编织袋压紧，浮膜一般用聚乙烯薄膜，幅宽相当于草帘的长度，浮膜的长度相当于温室的长度，厚度为0.07～0.1微米。⑧设置保温幕，即在温室顶部、后墙、棚前处各设置一层薄膜，膜与膜的衔接处用夹子夹住，形成室中的二次覆盖。冬季晴天时棚顶的二次膜拉开，晚上和连续阴雪天可封闭二次膜保温。⑨必要时必须采取人工加温措施，当棚温降至6℃、10厘米地温降至10℃以下时，要采取人工加温。可用烧后无烟的玉米芯火或木炭、焦炭加温。

30. 在弱光条件下，日光温室越冬茬茄子管理应注意哪些问题？

弱光是限制越冬茬茄子生长的主要因素，在弱光条件下，管理上要注意以下 8 点：①适当降低夜温。弱光常伴随着白天的偏低温度，冬季在阴天时，白天棚室温度常在 18℃左右，连续阴天情况下也常在 14℃左右，这样要考虑温差，可采取偏低夜温管理；最低夜温可降至 7℃。阴天加温，尤其是夜间加温偏高时，反而不利于茄子的生长。②要控制浇水，采取偏干燥管理措施。若湿度大造成根系损伤，常导致栽培失败。③采用二氧化碳施肥。在高浓度二氧化碳条件下提高弱光下光合效率。二氧化碳施肥方法参阅 38 问。④适当稀植，并及时摘除下部老叶、病叶，减少郁闭和呼吸消耗。⑤减少氮素化肥用量，特别要控制铵态氮肥用量。⑥配合叶面追肥。⑦叶面喷糖液，补充茄子生长所必需的糖，弥补和解决因冬季光照不足而引起的光合作用弱、光合产物少所带来的植株营养供应不良、落花落果严重等问题。一般叶面喷糖液好，叶片色泽深，叶片加厚，植株长势旺，结果多，不易早衰。同时，叶面喷糖液可提高植株体内糖分含量，可减轻病害发生。但叶面喷糖液要注意以下 3 个问题：一是要用可溶性糖进行叶面喷施。可溶性糖易于被叶片吸收，利用率高，见效快。二是要选择晴天上午喷施，喷后温室要适当通风，排除温室内过湿的空气，防止发病。三是注意使用方法。用尿素 0.2 千克、红糖 0.5 千克加水 50 升，在生长盛期每隔 5～7 天喷 1 次，于早晨喷在植株及叶背面，连续喷 4～6 次。糖的浓度不宜过高，否则叶片上残留的糖过多，容易染尘而引发煤污病。⑧喷施亚硫酸氢钠溶液，减少光呼吸。应用光呼吸抑制剂亚硫酸氢钠喷洒在茄子上，可提高光合效率，减少营养消耗，增加物质积累。在冬季弱光条件下，从茄子初花期开始，连喷3次亚硫酸氢钠溶液。每667平方米用亚硫酸氢钠溶液30毫升，分3次喷施，每次用量分别为5毫升、10毫升、15毫升，每隔7～10天喷1次，药液浓度为200毫克/千克。在保护地条件下，喷施时间为14～16时。喷施亚硫酸氢钠时要随配随用，加强肥水管理。亚硫酸氢钠无毒，成本低廉，在适宜的浓度范围内无副作用。亚硫酸氢钠可与尿素、磷酸二氢钾等化肥，或与乙磷铝、瑞毒霉、百菌清、代森锌、速灭杀丁等农药混合使用。

31. 冬春季日光温室栽培茄子有哪些除湿措施？

冬春季节棚室环境密闭，再加上茄子需求水分较多，如果棚室内空气湿度过大，会导致灰霉病、菌核病、白粉病等病害的发生，严重影响茄子产量。因此，在进行农事操作时，必须合理调整棚室内的相对湿度。控制湿度的原则是“头干足湿”。可采取以下8项措施控制湿度：①通风换气。将湿气排除，换入外界干燥的空气，这是最简单的降湿方法，但要处理好保温与降湿的关系。②选用优质无滴膜。无滴膜可以克服膜内倒附着大量水滴的弊端，明显降低湿度，且透光性能好，有利于增温降湿。③地膜覆盖。地膜覆盖可以大大降低地面水分蒸发，减少灌水次数，从而降低空气湿度。④采用滴灌或渗灌。滴灌、渗灌除了具有省水、省工、省药、省肥、防止土壤板结和使地温下降的优点外，更重要的是可以有效地降低因浇水而造成的空气湿度。⑤膜下滴灌。膜下滴灌综合了地膜覆盖和滴灌的共同优点，是降低棚内湿度的有效措施。其做法是地面起高垄，然后在高垄中央放上滴灌管，再覆盖地膜。

⑥采用粉尘法及烟雾法施药。棚室内必须施药时，若采用常规的喷雾法用药，必然会增加棚内湿度，这对防止病害不利。⑦高温降湿。早晨揭苫后，一般情况下不要放风，在不伤害作物的条件下，尽量提高温度，以此来降低湿度。当温度升高到作物所需适宜温度时，开始通风。⑧用生石灰块来增温降湿。生石灰是一种极易吸水的常用干燥剂，它会和水发生化学反应，生成熟石灰，同时放出热量，其化学反应式是：

$$CaO(生石灰)+H_2O(水)\rightarrow Ca(OH)_2(熟石灰)+热量\uparrow$$

从上式可以看出，生石灰的整个化学反应过程，就是一个吸潮放热的过程，可谓一举两得。其具体做法是：采用新鲜的(最好是刚出窑的)生石灰块，均匀地分堆摆放于棚内作物行间，下垫塑料布等隔潮物以防止它直接从土壤中吸水，这样，它便会很快吸收棚中的潮气，使棚内湿度下降，温度上升，形成良性循环。至于生石灰用量多少，则要根据棚内湿度大小、温度高低等灵活掌握，用量愈大，除湿增温效果愈好。

吸水后的石灰块，会逐渐粉碎成石灰面，可用于土壤消毒、配制农药(如石硫合剂、波尔多液)、做钙肥等多种用途。

32. 日光温室茄子结果前为什么容易徒长？怎样预防？

茄子在定植后结果前易发生徒长。与正常茄子相比，茄子徒长的通常表现是植株茎秆粗壮，叶片大，花蕾、花朵较为瘦弱，不结果；或茎秆细，茎节突出，叶片薄而色淡，花蕾、花朵瘦弱，落花落果。一般中晚熟品种易徒长。茄子植株徒长的原因主要是土壤过湿，空气相对湿度为80%左右，氮肥偏多，或者连续阴雨天气，空气相对湿度经常高于50%～60%，光照不足，定植过密，或通风透气不良。秋延迟茄子，温度偏高，尤其是夜温偏高，氮肥偏多，没有及时定植等易徒长。

预防日光温室茄子徒长的措施有以下8项：①严格控制苗龄，及时定植。一般早熟茄子品种的苗龄宜在80天左右，中晚熟品种苗龄宜在90～100天，秋延迟茄子苗龄宜在25天左右。②早做定植准备，促进秧苗缓苗。在定植前10～30天整好地、施基肥、覆盖棚室顶膜和在裙边、棚室四周开沟排水等准备工作，使秧苗定植时棚内湿度较低、温度较高，以利于缓苗。③控制氮肥用量。采用深沟高畦栽培，促进根系生长。④适时适量整枝打叶、搭架，使之通风透气良好，并用生长调节剂如茄子灵等喷花，促进坐果，抑制过度营养生长。⑤定植缓苗后，每隔15天左右用等量式波尔多液或77%可杀得可湿性粉剂500～700倍液对植株喷雾。⑥及时通底风。植株缓苗后，在保持一定温度下，要大胆通风，降低棚内湿度，一开始开花坐果，就要下裙膜通底风；夜间外界最低温度不低于15℃时，昼夜都要通风。进入炎夏高温季节，可将塑料薄膜撤除，如同露地栽培。⑦控制肥水。底肥水充足，一般在开花坐果前不要再施肥浇水，特别是采用地膜覆盖的，在坐稳果后，再视情况适量追施肥料和浇水。⑧采用"手捏蹲苗法"防止茄子疯长。

该法是寿光市菜农在摸索蔬菜高产、优质、安全生产经验中创造出的一种防止茄子苗、枝"疯长"的实用技术。这项技术不用投资、不用农药，只需一双眼睛、两只手的两个指头就可操作。手捏蹲苗的方法是：两眼看准"疯长"的茄子植株，从苗(枝)顶上往下数，在第三叶以下节间处用两个手指轻轻一捏，让其放"响"出水，使之输导组织暂时受损不能向上输送养分而"蹲苗"停"长"。待3～5天捏过的伤口部分愈合成一个"疙瘩"后再恢复正常生长。此时，周围没被"捏"的弱苗、小苗、弱枝、小枝都在生长，大部分赶上了被"蹲"成壮苗的原"疯长”苗，使茄苗都长成了生长一致的高产、优质壮苗。广大菜农夸这种办法是“咔嚓一响，头头不长，兄弟伸腰，老大投降，哥哥等弟弟，弟弟赶哥哥，一家兄弟都壮长，高产优质没话讲”。此法还可应用于番茄、辣椒等茄果类蔬菜。

33. 日光温室茄子生产中如何采用化控技术？

(1)**培育壮苗** 用 100～300 毫克/千克生殖促进剂或助壮素溶液，在茄子 3～4 片叶时喷洒植株，可使秧苗矮壮，叶片厚而坚实。用 5～10 毫克/千克烯效唑溶液，在幼苗长出 3～5 片叶时喷 1 次也可取得良好效果。

(2)**控制徒长，促花促果** 随基肥每 667 平方米均匀撒施增效剂 750 克，也可在茄子定植缓苗、进入旺盛生长期后，每隔 10 天喷 1 次 100～300 毫克/千克生殖促进剂或助壮素，共喷 2 次。或在茄子生长旺盛期喷 1 次 5～20 毫克/千克的烯效唑溶液。采用以上方法均可使茄子植株矮化，根系发达，增强光合作用，促进花果发育和茄子早熟增产。

(3)**防止落花落果** 茄子用 2,4-D 溶液蘸花易形成畸形果，主要表现为长尖。为了提高商品性，用 30～40 毫克/千克沈农茄子丰产剂 2 号溶液蘸花较好，不仅果形整齐，还具有促进果实膨大和增产的作用。另外，用 30～40 毫克/千克防落素溶液蘸花也比较安全，不会出现畸形果。用近年新研制出的复合型茄子丰产剂处理植株，可以省去蘸花这道工序，既省力又能防止落花落果，具有促进果实膨大和增产的作用。每 5 毫升复合型茄子丰产剂对水 2.5 升喷雾，整个茄子生育期喷 1 次即可。

(4)**促进果实膨大** 当茄子幼果长到鸡蛋黄大小后，每隔 10 天用 30 毫克/千克的膨果剂蘸果或喷雾 1 次，共蘸(或喷)

2 次，即可显著地促进果实膨大。用茄子丰产剂处理后再用膨果剂处理的茄子，增产效果特别明显。

34. 日光温室茄子高产栽培对基肥有哪些要求？怎样施用基肥？

茄子高产栽培一般要求加强施用基肥，以基肥为主，追肥为辅。基肥要以优质有机肥为主。有机肥要选用腐熟充分、肥效较高的鸡粪、豆粕肥等。中等肥力的温室，每 667 平方米可施 6～8 立方米鸡粪或 300～500 千克豆粕肥。化肥要以复合肥和磷、钾肥为主，中等肥力的温室，每 667 平方米施复合肥 100 千克。氮肥对早期茄子苗发棵和提高花芽质量有利，基肥中应适当增施氮肥，每 667 平方米施尿素 50 千克即可。

施用基肥时注意以下 5 点：①要深施有机肥，一般要求有机肥的施肥深度不浅于 30 厘米。②粗肥的施肥量要大，应深施肥，施于茄子根系的主要分布区域里。饼肥和化肥在施粗肥后，结合起垄，施于上层土壤中，或 2/3 深施入土内，1/3 施于定植穴内，即"窝里放炮"施肥，施于定植穴内的肥一定要与土混匀。化肥中的磷肥和钙肥应与有机肥一起施用，以提高利用率。③要均匀施肥。④有机肥的粪块要小，适宜的粪块大小以不超过花生米为宜。⑤要注意防虫。施肥前应对粪肥均匀喷洒农药。可选用辛硫磷、敌敌畏等杀虫剂喷洒有机肥，施用浓度应较叶片喷洒浓度稍高。

35. 什么是日光温室茄子"测土配方、套餐施肥"方案？

(1)**茄子需肥的特点** 茄子是喜肥作物，土壤状况和施肥水平对茄子的坐果率影响较大。在营养条件好时，落花少，营养不良会使短柱花增加，花器发育不良，不易坐果。此外，营养状况还影响开花的位置:营养充足时,开花部位的枝条可展开 4--5 片叶;营养不良时,展开的叶片很少,落花增多。

茄子对氮、磷、钾的吸收量,随着生育期的延长而增加。苗期氮、磷、钾三要素的吸收仅为其总量的 0.05%、0.07%、0.09%。开花初期吸收量逐渐增加,到盛果期至采果期养分的吸收量占全期的 90%以上,其中盛果期占 2/3 左右。各生育期对养分的要求不同,生育初期的肥料主要是促进植株的营养生长,随着生育期的进展,养分向花和果实的输送量增加。在盛花期,氮和钾的吸收量显著增加,这个时期如果氮素不足,将使花发育不良,短柱花增多,造成产量降低。

氮对产量的影响特别明显:氮充足,茎、叶粗大,发育旺盛,可以形成较多发育良好的花芽,结实率也高;若氮不足,植株矮小,发育不良。从定植到采收结束均需供应氮肥,特别是在生育盛期需要量最大。定植前后,茄子耐高浓度氮肥的能力比番茄强,不太容易因徒长而落花。

磷对花芽分化发育有很大影响,如磷不足,则花芽发育迟缓或不发育,或形成不能结实的花。苗期施磷多,可促进发根和定植后的成活,有利于植株生长和提高产量。进入果实膨大期和生育盛期,三要素吸收虽增多,但对磷的需要量较少,此期施磷过多易使果皮硬化,影响品质。

钾对花芽的发育虽不密切,但如缺钾或少钾,也会延迟花的形成。在茄子生育中期以前,吸收量与氮相似,至果实采收盛期,吸收量明显增多。不论何时缺钾都会影响产量,要注意不能在生育期中断供给钾肥。

茄子叶片主脉附近容易褪绿变黄,这是缺镁的症状。一到采果期,镁吸收量增加,这时如镁不足,常发生落叶而影响产量。土壤过湿或氮、钾、钙过多,都会诱发缺镁症。

果实表面或叶片网状叶脉褐变产生铁锈的原因，是缺钙或肥料过多引起的锰过剩症，或者是亚硝酸气体引起的危害，这些都会影响同化作用而降低产量。茄子对钙的反应不如番茄敏感。

生产 1 000 千克茄子需纯氮 3.2 千克，五氧化二磷 0.94 千克，氧化钾 4.5 千克。每 667 平方米产茄子 4 000～5 000 千克，需纯氮 12.8～16 千克，折合尿素 27.8～34.8 千克；需五氧化二磷 3.8～4.7 千克，折合过磷酸钙 31.7～39.2 千克；需氧化钾 18～ 22.5 千克，折合硫酸钾 36～45 千克。

(2)施肥原则

一是重施有机肥。新建棚要尽量多施一些腐熟好的有机肥(如鸡粪)。老龄大棚，可增施一些解磷解钾功能的酵素菌肥类生物有机肥。土传病害严重的大棚，应增施一些具有防病功能的芽孢杆菌类生物有机肥，如康坦复合微生物肥。

二是合理分配基肥、追肥的比例。一般情况下，有机肥、微肥、80％的磷肥、70％的钾肥和 30％的氮肥混匀后做基肥，其余 70％的氮肥、20％的磷肥和 30％的钾肥分别做追肥使用。

(3)茄子施肥要点

一是育苗肥。茄子苗期对营养土质量的要求较高，只有在质量高的营养土上才能培养出节间短、茎粗壮和根系发达的壮苗。一般要求在 11 平方米的育苗床上，施入过筛腐熟有机肥 200 千克，过磷酸钙 5 千克，硫酸钾 1.5 千克，将床土与有机肥和化肥混匀。如果遇到低温或土壤供肥不足，可喷施 0.3％～0.5％尿素水溶液。

二是基肥。茄子基肥施用原则是有机肥(农家肥)与化学肥料配合施用，采用全层施肥方法。至于有机肥和化肥的施用数量，应根据测土配方的要求因地制宜地确定。每 667 平方米施腐熟的有机肥 6 000～7 500 千克，再加过磷酸钙 25～35 千克、硫酸钾 15～20 千克、硫酸锌 2 千克、生物肥 75 千克、硅酸钙肥 80 千克和硫酸镁或硝酸镁 10～20 千克，均匀地撒在土壤表面，并结合翻地均匀地耙入耕层土壤。注意日光温室茄子一定要施用一些镁肥。

三是追肥。当"门茄"达到"瞪眼期"，果实开始迅速生长时进行第一次追肥，每 667 平方米施纯氮 4～5 千克(折合尿素 9～11 千克或硫酸铵 20～25 千克)；当"对茄"膨大时进行第二次追肥；"四母斗"开始发育时，是茄子需肥高峰期，进行第三次追肥。前三次的追肥量相同，以后的追肥量可减半。冬、春季节地温低，追施复合肥时要混施一定量的优质腐殖酸，或用含氮、磷、钾足量的优质水冲肥代替复合肥，以减少单用复合肥对根系的伤害。

36. 什么是冲施肥法？冲施肥法有哪些优点？冬季日光温室内冲施肥应注意哪些问题？

冲施肥法，就是结合浇水，把肥溶于水中，随水一起流入地里的施肥方法。冲施肥法具有以下主要优点：①施肥均匀，便于茄子根系的吸收；②肥料均匀分布于田间，不发生肥害；③不开沟不挖穴，不伤根系；④该施肥法适宜于地膜覆盖栽培形式。

冬季温室内冲施肥应注意以下几点：①有机肥与无机肥相结合。一些农民无论冲施，还是追施，均以化肥为主。虽然有些冲施肥含有腐殖酸，但无机肥多以硝铵、尿素等氮肥为主，短期内茄子长势好，但缺乏长期效应。也有些冲施肥以未经腐熟饼粕肥(麻籽饼、棉籽饼、豆饼)和磷酸二铵(或硝铵)为主，效果欠佳，其原因是饼粕肥发酵需一定的时间。②追施肥与冲施肥相结合。选用肥料以多元复合肥为主，采取追施与冲施相结合的办法，一方面解决表层根需肥问题，另一方面追肥能活化土层，使根系增多，缓解肥效。③大水与小水冲施相结合。一些农民无论苗期、结果期均以大水冲施肥，使得肥水过大，引起苗病、烂根和沤根。无论生物肥、有机肥，还是化肥都要看苗用肥，用量要合理，并且肥水过后应及时中耕松土。④生物肥与化肥相结合。生物肥料含有10余种有益菌，具有活化土壤，调节养分的功效，与无机肥(化肥)配合施用，能解除肥害，增加土壤有机质，促进根系发育。土传病害发生严重的温室大棚，应选择使用具有防病功效的芽孢杆菌类生物肥；土壤中氮、磷、钾积累较多的老龄温室大棚，应选择使用具有解磷解钾作用的酵素菌型生物肥。

37. 日光温室茄子叶面追肥应注意哪些问题?

(1)**选择适宜的肥料种类**　目前市场上的叶面肥种类很多，但主要有营养型调节剂和生理型调节剂两大类。这两类调节剂成分不同，具有各自不同的作用。营养型调节剂主要含有作物生长发育所不可缺少的元素，生理型调节剂主要含有植物生长激素类。叶面追肥主要根据不同作物和不同的长势长相、气候条件和生育进程来确定。若作物生长缓慢，叶色发黄，可选用营养型以氮为主的肥料，如叶面宝、喷施宝、绿风95、丰产灵、尿素等；若茄子生长过旺，可选用抑制生长的肥料，如矮壮素、缩节胺等，以便发挥应有的作用。

(2)**掌握喷施浓度**　叶面追肥浓度是否适宜，对茄子的生长发育有着明显的差别。如矮壮素，浓度过大时易形成老小苗，浓度过小时又起不到抑制的作用。适宜的叶面追肥浓度应以不灼伤茄子叶片为好，尿素浓度以1%～2%为宜，硫酸铵浓度以2%～4%为宜，磷酸二氢钾浓度以0.2%～0.4%为宜。粉剂叶肥在配制过程中一定要完全溶解，激素类叶肥一定要按规定进行配制。

(3)**适时进行叶面追肥** 一般在茄子育苗后期、生长中后期或发现缺素症初期，都可以进行叶面追肥。叶面追肥应注意到不影响授粉，花期不宜喷施。茄子苗期因叶片小，附着能力差，也不宜喷施。旺长的作物和肥力充足的田块不宜喷施助长型调节剂。总之，叶面追肥要根据苗情、地力，掌握关键时期适时进行。

(4)**选择适宜的喷施时间** 一般选择晴朗无风或微风天气条件下进行，在9～11时和14～16时喷施效果最好。大风天、阴雨天和晴天的中午不宜喷施。

(5)**喷施的部位和方法** 茄子主要通过叶片的气孔吸收养分，叶片背面气孔多于正面，所以喷施时叶片正背两面都要喷，尤其是功能叶。喷时可单独喷，为防治病虫害也可用肥料加药剂混合喷施。喷施前要充分搅拌均匀，以提高肥效和药效。

(6)**发生肥害要及时防治** 叶面追肥时，有时因为肥液浓度过大或肥液中有沉淀物，以及喷施了不适宜做叶面追肥的化学肥料，常常会发生肥害现象。其症状是：叶面追肥后，叶片上出现水渍状灼伤，最后因叶肉细胞死亡而出现枯斑。

发生叶面肥害症状后，应采取以下措施：①立即用清水反复冲洗叶面多余肥料，增加叶片含水量，缓解叶片受害程度。②土壤含水量不足时，要浇水以增加植株体内的含水量，降低茎叶中的肥液浓度。③提高温室内的温度，促发新芽。

38. 日光温室茄子为什么要实施二氧化碳气体施肥?

(1)**施用二氧化碳的必要性** 日光温室是一个相对封闭的保护设施,室内的二氧化碳主要来自于大气、植物呼吸和土壤微生物的呼吸作用。温室内二氧化碳的浓度,在上午揭帘前达到最大(1 000 毫克/立方米以上),揭帘后,随着光合作用的进行,约每小时以 400 毫克/立方米的速度下降,到温室通风前,室内二氧化碳浓度下降到一天中的最低值。而外界大气中的二氧化碳浓度只有 300 毫克/立方米,通风不能完全满足作物光合作用对二氧化碳的需要,因此在作物生长盛期施用二氧化碳气肥十分必要。温室内二氧化碳气体浓度的日变化规律见图 2-3。

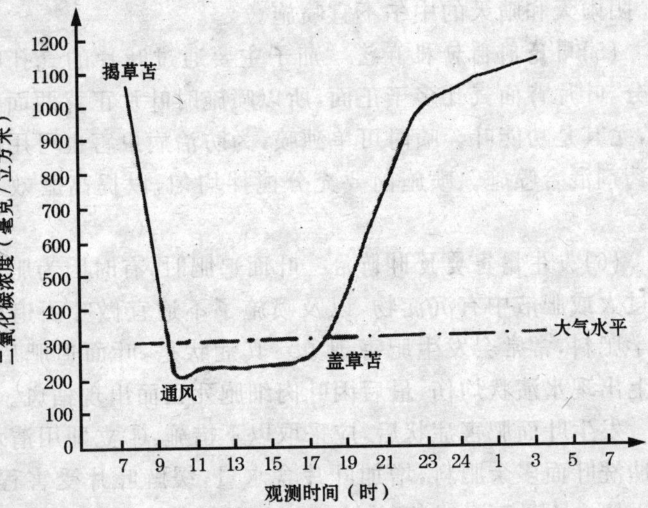

图 2-3 温室内二氧化碳气体浓度的日变化规律

(2)温室内施用二氧化碳的时期和时间 日光温室蔬菜生长发育前期(定植后40天内)植株较小,吸收二氧化碳的数量相对较小,加之土壤中有机肥施用量大,分解产生的二氧化碳较多,一般可以不施二氧化碳。若过早施用二氧化碳,会导致茎叶生长过快,影响开花坐果,不利于丰产。进入坐果期后,应加大二氧化碳施用量,尤其在结果高峰期正值营养需求量最大的时期也是二氧化碳施用的关键期,此期即使外界温度较高,通风量加大了,每天也要进行短时间的二氧化碳施肥。如能保证每天有2小时左右的高浓度二氧化碳时间,就能明显地促进蔬菜生长。结果后期,植株的生长量减少,应停止施用,以降低生产费用。

一天内,二氧化碳的具体施用时间应根据温室内二氧化碳的浓度变化以及植株的光合作用特点进行安排。一般晴天日出揭帘半小时后,温室内的二氧化碳浓度下降较明显,浓度将很快低于光合作用的适宜范围,所以晴天应在日出后(揭帘后)半小时开始施用二氧化碳;多云或轻度阴天,可把施肥时间适当推迟半小时。

(3)二氧化碳施用方法 温室内二氧化碳的施肥方法有多种,主要方法有固体二氧化碳法(干冰法)、液体二氧化碳法(钢瓶法)、燃烧法和化学反应法、二氧化碳固体颗粒气肥法等。碳化发生器和专用燃料费用较高,此外,燃料纯度不够时,还会产生一些对蔬菜有害的气体。目前常用的方法有以下3种。

一是二氧化碳固体颗粒气肥法。可直接将二氧化碳固体颗粒气肥撒施于地面或埋入地表层,吸水后释放出二氧化碳气体。一般温室内每667平方米地面施用40千克,有效期可达40多天,到施后第40天,室内上午二氧化碳浓度可达

1 000毫克/立方米。

二是燃烧法。通过燃烧碳氢燃料(如煤油、石油、天然气、煤炭等),产生二氧化碳再用鼓风机把二氧化碳气体送入温室内。燃烧法因需要专门的二氧化碳发生器,成本较高。

三是化学反应法。利用酸和碳酸盐反应,放出二氧化碳气体,在生产上应用较多的是硫酸与碳酸氢铵反应生成二氧化碳气体,其中反应产物硫酸铵又可做肥料使用。化学反应法操作较费工,二氧化碳浓度也不易控制,但由于取材方便,不需要专门设备,成本低,很受农民欢迎。

(4)施二氧化碳肥注意事项

一是要保证肥水充足供应。二氧化碳气体施肥后,虽能促进蔬菜的生长发育,提高产量,但二氧化碳只能增加蔬菜的碳水化合物,矿质营养和水必须由土壤提供。此外,由于二氧化碳气体施用后,植株生长加快,对肥水的需求相应增多。

二是温室内气温偏低时不得施用二氧化碳。温室内温度偏低,不仅二氧化碳的利用率低,而且二氧化碳气体的浓度容易偏高,易引起气体中毒。因此,当温室温度低于15℃时,要停止施用二氧化碳气肥。

三是每次施用二氧化碳时间不宜过长。一般每天上午日出后(或揭帘后)以施2小时为宜,通风前半小时要停止施肥。

四是"硫酸、碳铵"反应法应注意以下几点:①防止氨气中毒。硫酸氢铵易挥发产生氨气,因此碳酸氢铵不得在温室中贮存、称量和分包。②要防止硫酸挥发引起酸中毒。硫酸的一次用量不要过多,盛酸桶在加入碳铵反应前要加盖密封,浓硫酸稀释也不要在温室内进行。③反应液做追肥前要检查反应是否彻底。检查方法是用纸包少量碳铵投入桶底,如无气泡冒出,表明反应彻底。④施用二氧化碳不要突然停止。计划终止使用二氧化碳，应提前开始逐日减少施用浓度，直到停止，否则茄子容易出现早衰现象。

39. 延长茄子采收期有哪些措施？

(1)**整枝摘叶** 当茄子进入开花结果盛期后，要及时调节植株的营养生长和生殖生长。要经常修整植株，剪去不开花结果的无效分枝和生长过密的分枝，同时去除植株中下部病叶、老叶、黄叶，从而减少养分的消耗，确保植株间通风、透光，提高光合效能。

(2)**及时追肥** 当茄子开花结果后，在四门斗茄待收时，根据植株长势，每隔 15～20 天追施 1 次氮磷钾复合肥或生物有机肥，以满足植株生长发育的需要，防止因养分供应不足而早衰。一般每 667 平方米每次施总含量为 45%的氮磷钾复合肥 15～20 千克，或总含量为 20%的生物有机肥 30～40 千克。具体施用方法是在植株中间打洞深施肥料或对水淋施于植株根部。

(3)**适当提早采收** 茄子一般应在食用成熟期前 3～5 天采收。早熟栽培的因赶早上市还要提前。特别是门茄，适当早收可防止坠秧和避免“小老株”的出现，提高门茄以上果实的坐果率，增加前期产量，提高果实上市品质。据观察，在食用成熟前 5 天左右采收，即紫黑色茄子萼片下淡绿色环带宽达 3 毫米以上，果实还未完全长成时采收，从“门茄”至“四门斗”坐果率达 98%；而在环带变成不到 2 毫米，淡紫红色，果实已长成时采收，坐果率降至 89.2%；到萼片下微红色环带基本消失，萼片粗糙，果实失去光亮，即食用成熟后 5～6 天采收，坐果率则降到 78.1%。因此，棚室茄子适当早采收可显著提高以后的果实坐果率。茄子达到采收的标准为：果实充分生长，不再增大，色泽光亮、鲜明，萼片下的环带（根据茄色不同有白色、淡绿色、淡紫红色）由宽变窄或不明显。一般从开花到采收为 20～25 天。

（4）及时防治病虫害 茄子的病害主要有灰霉病、疫病、褐色圆星病、黄萎病等；虫害主要有蚜虫、红蜘蛛、蓟马、茶黄螨、白粉虱和蛀梢虫等。如不及时防治会加快植株长势衰退。在茄子生产过程中应根据病虫发生情况，及时采用药剂防治。对病害要以防为主，防治结合，并用速克灵、灰霉灵、万霉灵、施佳乐及烟熏剂交替使用。对虫害可用蓟杀净、1％～1.1％阿维菌素、克螨特、螨克或上述农药加吡虫灵（一遍净）或用农地乐、乐斯本等防治。将药液喷到所有植株叶片的背面和果实上为主，叶片正面要适量，雾滴要细，浓度要低，用量要足，药剂要交替使用，以免产生抗性，确保防治效果。

（5）根外追肥 在茄子进入开花结果盛期，如何保持功能叶片浓绿和较高的光合效能，是延长茄子采收期必须具备的一项措施。因此，在结合防治病虫害的同时，经常进行根外喷施硫酸镁、硼肥等微量元素和多元磷酸二氢钾、芸薹素等植物营养液，以保持和提高植株的营养水平，才能保持功能叶片浓绿和光合能力，防止或延缓茄子长势衰退，促进茄子连续开花结果，提高产量和品质。

（6）培土护根 茄子虽属深根系作物，但在茄子生长期间，由于雨水冲刷和多次浇灌肥水以及采收的过程中，造成植株根部裸露和松动，影响植株正常吸收功能，应经常采用腐熟的粗杂肥或其他沟泥培土护根，同时浇施促根剂，促进新根不断发生和保持根系，增强植株的吸收功能，从而达到延长茄子采收期的目的。

40. 什么是日光温室茄子的阶梯形整枝方式？

(1)**阶梯形整枝方式的主要技术要点** ①摘芽。门茄(即主茎第一朵花结的茄子)以下只保留1个侧芽，使形成的两条主干呈“V”字形分布。②摘叶。摘叶可以通风透光，减少下部老叶对营养物质的无效消耗，要把病叶、老叶、黄叶和过密的叶摘去。③剪枝。这是植株整理的重点。按一般的栽培技术，当进入“满天星”期后，由于茄子的增多，营养供应跟不上，植株易衰老，果形普遍较小且弯曲，品质下降。而阶梯形整枝栽培技术在第二次分枝后，在“对茄”开始膨大时对开花结果的那条分枝实行打顶，让营养更好地供应给果实的发育，该果收后在距分杈约1厘米处用剪刀把该分枝剪断，让其长出的一个侧芽长成分枝继续开花结果。如此类推，以后长出的分枝和其他的分枝均在果实膨大时就打顶，在采收茄子后就剪枝，让侧芽开花结果，以此方法控制植株的高度和结果的数量，培育粗壮的植株，提高植株的抗病力，确保达到优质高产的目的。④疏果。把发育不良的幼果、畸形果和病果摘去。

(2)**阶梯形整枝方式的优点** 利用茄子侧枝分杈能力强的特点，不断打顶使其连续坐果。采取这种方式整枝的植株不分大小茬，能不断打顶，不断结果可增加茄子整个生长期的产量。

(3)**注意的问题** 采用阶梯形整枝方式整枝，结果多，植株需要养分亦多，因此，要加强肥水管理，防止植株脱肥。

41. 什么是日光温室茄子V型整枝栽培技术？

(1)**V型整枝方式的主要技术要点** ①栽植距离。由于采用V型整枝方式的主枝生长旺盛，因此畦面较一般水平整枝方式宽。畦宽1.8～2米，畦高0.3～0.4米，在每畦中央种植，株距0.7米。②整枝方式。茄子在主干高约60厘米处留4条主枝，以此为结果母枝，其下的各侧芽均应及早摘除，以节省养分及保持通风、透光。在结果母枝上结果短枝结茄子后留1片叶去除，以充分供应养分，促进生育。③搭支架。茄子结果量多，须用竹竿于茄子主干两边斜插成V型，高度约为2米，再用细竹竿纵横架住，绑缚于V型支架上，作为结果母枝支架，以防果实触地发生腐烂，并可促进果实发育和利于着色，提高品质。④施肥。V型整枝的茄子生育结果期甚长，为使其能正常生长结果，宜适量施肥，除各施有机质肥料做基肥外，结果期间每隔半个月，每67平方米(1分地)施用氮、磷、钾、镁之比为15∶15∶15∶4的复合肥料40千克/次，并视生育及结果状况加以调整。

(2)采用V型整枝方式的优点 ①产量高，品质佳，茄子弯曲等畸形果少。②调整产期，提早结果期且采收期长。③作业方便，喷药、采收较容易。④通风好，日照充足，减少了病虫害的发生。⑤减少喷药次数及数量，降低了成本。

42. 什么是日光温室茄子双主蔓平面整枝技术?

茄子在分杈时，要留长势粗壮一致、比较均匀的两条枝做主蔓，实行双主蔓整枝，并使其一南一北延伸。当主蔓长到约1米高时开始吊绳，待主蔓长到钢丝高时，摘除茄子后，人工强制茄子主蔓弯腰向下贴近地面，与地面几乎平行时，主蔓最前头的70～90厘米用吊绳吊直并开花结果。以后每当茄子主蔓长到1.8～2米时，到达钢丝后就要向前倾斜放蔓，落到70～90厘米高时重新把主蔓吊好。按此操作3～4次即可。

在整枝过程中需要及时摘除腋间长出的枝杈和贴近地面

的叶片，只保留一南一北两条主蔓生长；果实最下部至少保留3～4片功能叶，以保证有足够的营养集中供应主蔓上正在生长的茄子。这样，在集中供给茄子营养的同时，也改善了光照，增加了植株间的透光性。功能叶大而且厚，光照条件好，提高了叶功能。因通风、透光条件好，病害也不容易发生。

第一次落蔓时要特别注意：倾斜角度不宜过大，否则易折断，如果不小心折断了，不要扔掉，应将折断部位用绳捆好使之能够继续生长。

43. 日光温室茄子高密度栽培的关键技术措施是什么？

茄子高密度栽培是在茄子常规定植的株距和行距条件下，将单株定植改成双株定植，即把茄子的定植密度扩大1倍。这种栽培方法可显著提高茄子的前期产量，增加经济效益。现将其栽培要点介绍如下。

(1)选用良种 宜选用早熟、高产、抗病的茄子品种。

(2)培育壮苗 适期播种，播后30天分苗，每钵(穴)留双株。此后至秧苗现蕾时定植，栽植密度以每667平方米栽植6 600～7 000株为宜。

(3)植后管理 定植后要加强温度管理，确保及早缓苗。缓苗后调节好水肥管理，合理整枝，及时防治病虫害。

(4)单秆摘心 这是茄子高密度高产栽培的关键措施。其具体做法是：在门茄下不留侧枝，门茄下第一个侧枝也要剪掉，对茄“瞪眼”时保留1个侧枝。如门茄未坐住，要相应保留门茄下第一侧枝坐果。这样，每株留3个茄子，在茄子上部留2～3片叶摘心。

44. 日光温室茄子套袋栽培有什么好处？如何操作？

推广茄子套袋技术，可有效地解决果实中的农药残留量超标问题，从而取得较好的经济效益。其操作要点如下。

(1)纸袋的选择 一般选用红色纸袋，纸袋要具有防水、抗晒、防菌、防虫的性能。

(2)套袋前的准备 套袋前喷洒1遍扑海因或杀毒矾溶液，以起到杀菌和净化果面的作用。

(3)套袋时间及方法 套袋时期应选在茄子"瞪眼期"，套袋时间以晴天9～16时为好。套袋前将整捆的纸袋放在潮湿处，使纸袋变湿润、柔韧。在套袋过程中应尽量让幼果在袋内悬空，捆扎不要过紧，否则会影响其生长。

(4)肥水管理 套袋茄子应加强肥水管理和叶片保护，每隔7～10天喷洒一遍光合微肥，促使植株健壮生长，以满足果实的生长需要。植株进入结果后期，每隔7天每667平方米地冲施15千克碳酸氢铵。7～8月份注意防治烟青虫及棉铃虫。

(5)采收 开花后20～23天，当茄子萼片处果面色泽和白色环带由亮变暗、由宽变窄时即可采摘。应注意记下套袋及开花时间，以免造成茄子生长期过长，影响其商品价值。由于茄子可连续结果，采收后纸袋可重复使用1～2次。

45. 什么是日光温室茄子"一边倒"栽培技术？

山东省寿光市洛城街道菜农李建光在4年的日光温室茄子种植中，探索总结出一种使茄子增产的新技术，让茄子留1个主茎且倾斜45°角歪着长，茄子能增产一成以上。

李建光经过多次试验，得出了茄子的主茎在倾斜45°时，产量最高，比让茄子主茎直着长增产 10%以上。2005 年，他将自家的一个棚室的茄子全用吊绳拉成 45°的倾斜角度，每 667 平方米产量竟达到 17 500 多千克，比往年直着长的增产 20%以上。

让茄子的主茎倾斜 45°，主要作用在于尽可能地保证了阳光可以直射在茄子株体上。这样就使得茄子的光合作用进行得更加充分，也可使茄子根系比较发达，叶片变得更加厚实；茄子植株本身积累了较多的碳水化合物等营养物质，果实变大；同时，又避免了植株徒长，从而显著地提高了产量。

李建光强调，只有在阳光直射到茄子植株上时，光线才能完全被茄子植株吸收。否则，光线便被折射掉一部分，造成了太阳能的浪费。但随着不同季节阳光直射点的差异，也要适时地调整茄子主茎的倾斜角度。例如，在夏季阳光直射点比较高时，茄子主茎的倾斜角度要略小于 45°；而在冬季阳光直射点偏低时，茄子主茎的倾斜角度要略大于 45°。其整枝方式有单蔓整枝、控高整枝、循环式整枝。

茄子一边倒栽培技术有以下优点：①增加栽植密度。②早熟。③可解决多次落蔓的问题，减少用工。④可避免操作中茎、枝折断等情况的发生。⑤植株高度可下降 1/3，有利于整枝、蘸花、采收及病虫防治等管理操作。⑥果实较直蔓上架的大，商品性好。

46. 深冬日光温室茄子栽培应掌握哪些技术？

(1)**提高设施性能**　采用温光性能好的冬暖型棚室。在最寒冷季节，棚内气温不低于 10℃，地温不低于 13℃，在寒流到来时短时间降温不能低于 8℃。

(2)**培育大苗**　深冬栽培生育期长，除采用早熟品种外，也可采用中晚熟品种，应选用耐寒、抗病、高产、畅销的品种。于8月中下旬用营养钵育苗。因育苗时间较长，苗期发现营养不足，可用2%的磷酸二氢钾或0.5%的尿素水溶液喷洒。苗子达到门茄花蕾下垂、含苞待放时定植。育苗时要注意保护根系，定植时不要伤根，以避免落花。

(3)**适时定植，合理密植** 9月25日前后扣棚闷棚5昼夜，杀死棚内病菌和虫卵。10月上旬定植。定植前先开沟施基肥，浇足定植水，合垄后再盖地膜。定植密度，行距60厘米，株距40～50厘米，每667平方米栽植2 300～2 500株。

(4)**温度管理** 缓苗期不通风，保持高温高湿环境，以促进缓苗。缓苗后前期温度不宜过高，进入采收期后可适当提高。前期上午温度应掌握在25℃～30℃，下午20℃～28℃，上半夜10℃～13℃；中后期温度上午26℃～32℃，下午24℃～30℃，上半夜18℃～24℃，下半夜15℃～18℃。

(5)**肥水管理** 在温度稳定在18℃以前尽量少浇水，在土壤相对含水量达到60%左右时开始浇水。果实开始膨大时追肥，结合灌水，土温在20℃以下时追硝酸铵，20℃以上时追硫酸铵，每次每667平方米用量为20～25千克。

(6)**防止落花** 为了保证门茄坐果和不发生僵果，促果迅速膨大，在开花前3天至开花第二天，用30～40毫克/千克2,4-D溶液或防落素50毫克/千克溶液处理花朵。可用毛笔将2,4-D涂抹花萼和花朵，也可用防落素喷花。

47. 日光温室茄子越冬茬田间管理应抓好哪些关键措施？

(1)**缓苗期管理** 定植后第一、第二天晴天时应放花帘遮荫防萎蔫，定植后第四、第五天选好天气在膜下灌1次缓苗水。缓苗期间，室内温度不超过35℃时不必通风，超过35℃

时开始逐渐通风，降到 25℃时闭风。外界气温较低时，通风量要小，时间要短；随着外界气温渐渐升高，逐渐加大通风量，适当延长通风时间。阴天放风量要小些，通风时间缩短；晴天通风量要大些，时间延长。灌水后要闷棚 1 小时，在茄子适应温区内尽量提高室温，促进蒸发、蒸腾，然后再通风排湿，通风量要大，时间要适当延长。缓苗期的温度管理，上午保持在 25℃～30℃，当超过 30℃时适当通风；下午温度保持在 28℃～30℃，低于 25℃时应关闭通风口，保持 20℃以上，夜间保持在 15℃左右。

(2)开花结果期管理

一是生长素蘸花。低温季节为保证坐果，防止落花和不发生僵果，需进行生长素蘸花，一般定植后 15～30 天门茄开花，在花开放一半时用 20～35 毫克/千克 2,4-D 药液蘸花，同时在每升蘸花药液中加入 1 克速克灵或农利灵，一般用毛笔蘸 2,4-D 溶液涂抹花萼和花朵，也可用 30～35 毫克/千克防落素药液喷花。春、秋季蘸花浓度用下限，深冬季节用上限。

二是整枝打叶。茄子是双杈分枝作物。在冬季日光温室里栽培，密度大，光照弱，通风量又小，如果不进行整枝，中后期很容易引起"疯秧"，只长秧不结果，因此必须整枝。日光温室茄秧一般采用双干整枝，即对茄以上留两个枝干，每枝留 1 个茄子，每层果留 2 个茄子；后期外界气温升高，昼夜通风时，可以留 3 个枝。

三是追肥灌水。当门茄的长度或径粗达 3～4 厘米时(瞪眼期)及时浇水追肥，一般每 667 平方米用尿素 10 千克、硫酸钾 7.5 千克、磷酸二铵 5 千克做混合穴施。在门茄"瞪眼"前不宜浇水。第二次追肥在对茄开始膨大时，追施数量、种类及方法同第一次。此后，追肥浇水视植株的生长状况及生长期的长短而定。

四是温光管理。此期的温度管理，上午为25℃～30℃，下午为28℃～30℃，上半夜20℃～23℃，下半夜10℃～13℃；土壤温度保持在15℃～20℃，不能低于13℃。深冬季节为了保证地温不低于15℃，中午的气温可比常规管理提高2℃～3℃。如植株旺长，应适当降温，尤其要降低夜间气温；植株长势弱时，适当提高温度；如遇阴天，室温低时应减少通风量。遇阴雪寒冷天气，必须坚持尽量揭苫见光和短时间少量通风；连阴乍晴后，室温不可骤然升高，发现萎蔫须盖草苫遮荫。浇水后，密闭温室1小时以提高温度，并在中午加大通风排湿。每天清洁棚膜，有条件时在温室内张挂反光幕，在不影响室温的情况下尽量早揭晚盖草苫。

48. 日光温室早春栽培茄子，定植后应抓好哪些关键措施？

(1)温度管理 定植后密闭保温，以促进缓苗。缓苗后，白天气温超过30℃时要通风，降到25℃以下后缩小通风口，降到20℃关闭通风口，最低温度保持在20℃以上，夜间最好能保持在15℃左右。在阴天，也要揭开草苫见散射光。遇灾害性天气，室外气温很低的情况下才不揭开草苫。

(2)肥水管理 定植水浇足后，一般在门茄坐果前不浇水，只有发现土壤水分不足时才可浇1次水。当门茄开始膨大时追肥，每667平方米追三元复合肥30千克，将肥溶解后随水灌入暗沟中，灌完水把地膜盖严。进入结果后期注意追施氮肥。对茄采收后，每667平方米追施硝酸铵或硫酸铵30千克左右，追肥灌水均在明沟进行。过2～3天表土干湿适宜时浅松土后培垄。以后随着外温升高，根据植株长势、土壤墒情，在明沟暗沟交替进行灌水。

(3)植株调整 为争取棚室茄子早熟，可采用单干整枝方法。每株茄子只留1个枝条作为主枝，在门茄以上结2个果实，长到采收标准一半大小时，在侧枝留2～3片叶摘心；以后每级发出侧枝都留2个果实，1个侧枝留2～3片叶摘心。

49. 茄子越夏连秋茬栽培包括哪些技术环节?

夏秋茬茄子是供应8～9月份淡季的重要蔬菜。其生育期跨越盛夏高温季节，栽培管理措施一定要有针对性，要抓好以下技术环节。

(1)品种选择 选择耐热、抗病、高产的中晚熟品种。

(2)培育壮苗 山东省一般于4月下旬至5月上旬在露地阳畦育苗。播种前5～7天进行浸种、催芽。播种时，畦内灌足底水，水渗后畦面先撒一层细土，然后将种子掺上细湿土均匀撒播，播后覆细土2厘米厚，等茄苗长到2～3片真叶时分苗，苗距为10厘米×10厘米，分苗后及时浇水，并喷施1 000倍植物动力2003溶液，浇水后或降雨后要及时在床面上撒干营养土。

(3)定植及定植后管理 每667平方米施优质农家肥5 000千克以上和磷酸二铵40千克，而后做垄，行距为60厘米，按株距40厘米栽苗，宜深栽高培土。秧苗栽好后随即浇水，定植第二天或第三天需再浇1次水。缓苗后要及时中耕、蹲苗。雨后立即排水，防止沤根。为减轻茄子绵疫病等病害的发生，可喷一遍石灰等量式波尔多液200倍液。

(4)覆盖遮阳网和防虫网 不要撤除棚膜，但要撤除温室前窗一幅棚膜，并彻底打开顶部通风口。在棚膜上覆盖一层黑色遮阳网，并在室前窗处和通风口处用50～80目的白色或银灰色纱网封严(图2-4)。这样既能遮荫又能防雨，还能阻止蚜虫、白粉虱等害虫迁入。

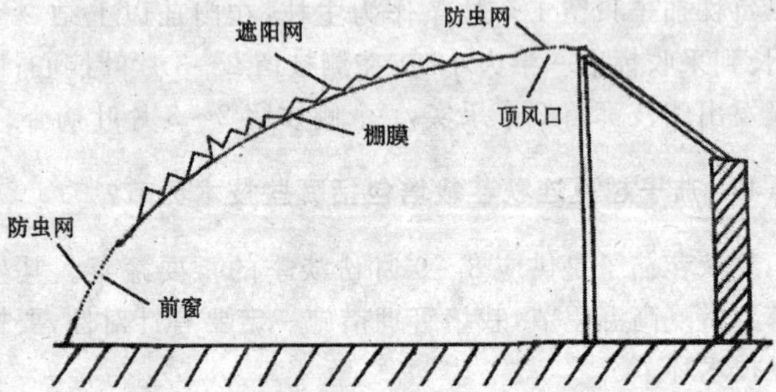

图 2-4　日光温室越夏期间覆盖方式

(5)**始花坐果期管理**　在门茄开花至坐果期，应控制浇水，进行一段时间的蹲苗。但为避免过分干旱引起落花，也需适当浇水。在雨后或浇水后及时进行中耕，门茄坐住后及时追肥、浇水，整枝打杈，去掉门茄以下叶，每 667 平方米追施粪水 1 000～1 500 升，以后每层果坐住后都要追 1 次肥，每次每 667 平方米施尿素 20 千克，磷肥 15 千克，钾肥 100 千克。为减轻茄子绵疫病和褐纹病的发生，应定期喷百菌清、代森锰锌或波尔多液。

(6)**结果期管理**　结果期正处在雨季，管理的重点是保果、保叶。及时摘除茎部老叶、病叶，定期喷药防治绵疫病、褐纹病以及蚜虫、茶黄螨、红蜘蛛。为满足茄子植株对养分的需要，一般每隔 10～15 天随水追施 1 次硫酸铵，每次每 667 平方米施硫酸铵 10～15 千克，结合喷药加 0.3%尿素或 0.2%磷酸二氢钾做叶面追肥，效果更好。

50. 日光温室茄子秋延后栽培定植后应抓好哪些关键措施?

(1)**缓苗期的管理** 棚室秋延后栽培茄子,一般于9月下旬至10月初定植。此时由于外界气温较高,能够满足茄子正常生长的需要,一般不用盖膜。茄子定植后,缓苗快,缓苗后生长发育旺盛。缓苗期间如果中午温度过高,土壤蒸发和叶面蒸腾量大,中午前后会出现秧苗萎蔫的现象。因此,要注意观察土壤墒情,适时浇水、中耕保墒。高温天气,中午要适当遮荫降温,防止秧苗萎蔫,以促进缓苗发根。当夜间气温连续几天低于12℃时,就要盖棚膜。山东省寿光地区,一般于秋分过后尽早扣膜。寒露至霜降期间,如果天气正常,白天气温较高时,要揭膜通风降温,此时棚室草帘也应尽量早安上,以防止夜晚出现霜冻。如果遇寒流天气,要及时封棚保温。如寒流较强时,晚上还要盖草帘保温。

(2)**结果前期的管理** 从定植到茄子开始采摘上市一般需30~40天。此期间外界气温逐渐降低,管理上应加强温度调节,控制棚内白天温度在22℃~28℃,夜晚13℃~18℃,争取早收门茄,以提高对茄的坐果率。门茄"瞪眼"以前,土壤不旱不浇水,尽量不施肥,以免引起植株徒长造成落花落果。注意及时中耕除草,进行植株调整,抹除门茄以下的侧枝老叶。若植株密度大,生长旺盛,可以进行单干整枝,以利于通风透光。为了防止因夜温低、授粉受精不良而引起的落花落果,可用0.002%~0.003%的2,4-D溶液蘸花或涂抹花柄。门茄"瞪眼"后,应及时浇水、施肥,每667平方米施尿素10~15千克。一般在10时左右浇水,浇水后封棚1~2小时,然后通风降湿。

(3)**结果盛期的管理** 门茄采收以后,当茄子进入结果盛期时，需肥水量达到最大值。因此，此阶段的重点应放在肥水管理上。一般每隔7天左右浇1次水，每浇2次水追施1次肥。每667平方米每次可追施尿素13千克和硫酸钾7千克，或腐熟人粪尿800～1 000千克，应结合浇水进行追肥。此时的外界气温更低，浇水应选晴天上午进行。若盖了地膜，应在地膜下浇暗水，使用滴灌，效果更好，可将肥料配制成营养液直接滴灌。为了避免晚上棚内地温低于15℃，浇水后应闭棚，利用中午的阳光提高棚温，使白天棚温保持在25℃～30℃，以利于地温的提高。当棚内温度高于32℃时，应及时通风降温。夜间温度控制在15℃～18℃。昼夜温差保持在10℃左右，以利于果实生长。生长后期可以结合病虫害防治进行叶面追肥。喷药时，可加入浓度为0.2%的尿素溶液进行叶面追肥，作为根系吸收能力减弱的补充。

秋延后茄子一般采取双干或单干整枝，当"四母斗"茄"瞪眼"后，在茄子上面留3片叶摘心，同时将下部的侧枝及老叶、病叶打掉，并清理出棚外埋掉或烧毁掉，以改善棚内通风透光条件，减少养分消耗和病虫害的发生和传播。

51. 日光温室茄子一大茬栽培有哪些关键技术？

(1)选择适宜品种 温室茄子全年一大茬栽培对品种的要求有如下几点：①根系发达，吸收能力强。②中晚熟，植株生长势强，不易早衰。③结果力强，坐果率高，特别是在不良栽培条件下的坐果能力要强。④枝干的再生能力强，易发侧枝。⑤抗逆性强，对不良环境的适应能力强。要求耐热、耐寒、耐湿能力强。⑥抗病能力强。要求高抗绵疫病、黄萎病、青枯病、病毒病等较难防治的病害。

(2)育苗 温室茄子全年一大茬栽培对育苗的具体要求

如下：①嫁接育苗。温室茄子连年栽培成功的关键是根系不染病、不早衰，因此必须进行嫁接栽培，利用嫁接株根系抗病性强以及根系发达、分布范围广等优点，延长栽培期。具体参阅第 7、8、9、10、11、12、13 问。②护根育苗，保持根系完整。采用穴盘、营养钵或营养块育苗，参阅第 4、5 问。③育苗土育苗。育苗土内的营养成分齐全，并且通气性好，有利于茄子苗根系的生长，根系不易老化。④苗龄不宜过大。苗龄过大的苗，根系往往会不同程度地发生老化，不利于定植后基础根的迅速形成与扩展，植株长势弱，栽培期也短。

(3)施肥 施肥中要做到以下要求：①要多施有机肥。有机肥的肥效长，后劲足，不容易发生脱肥，同时有机肥施肥较深，也不易发生肥害。有机肥要选用肥效较高的鸡粪、猪粪等，每 667 平方米温室的纯鸡粪用量应不少于 6 000 千克，或猪粪不少于 8 000 千克。②减少速效氮肥的用量，避免结果前发生徒长。茄子中晚熟品种的生长势比较强，长势旺，土壤中速效氮的用量比较多时，极容易发生旺长，要减少速效氮肥的用量，生产上应多用磷酸二铵代替速效氮肥。③要实施配方施肥。一般施足有机肥外，每 667 平方米还要增施磷酸二铵 100 千克，钙镁磷肥 100 千克，钾肥 25 千克，硼肥 1 千克。④要深施肥。施肥深度应不浅于 30 厘米。

(4)冬季管理 ①温度管理。温度管理的重点是防寒保温。请参阅第 29 问。②光照管理。光照管理的重点是保持温室内良好的透光性。请参阅第 28 问。③通风管理。通风管理的重点是排除温室内潮湿的空气，防止温室空气相对湿度过高而引发茄子病害。④肥水管理。温室全年一大茬栽培应选用生长势较强的中晚熟品种，这样植株长势强，容易发生旺长。为防止植株徒长，在门茄坐果前，一般不追肥浇水，坐果后开始浇水，并结合浇水随水冲施1次肥。此次施肥用量要适当大一些，每667平方米施复合肥20千克，或尿素15千克，或磷酸二氢钾10千克。以后每15天左右浇1次水，并适量追肥。

(5)春季管理 ①温度管理。春季温室内的温度上升较快，晴天中午前后温室内的最高温度一般可达40℃以上，因此在温度管理上要以防高温为重点。此期的适宜温度是16℃～30℃，白天的最高温度不超过35℃，夜间温度不低于15℃。要加强通风，一般晴天上午温室内的温度上升到25℃以上后开始通风，并随着温度上升不断加大通风量。当外界温度升到20℃以上后，可将温室的前脸通风口打开，一起进行通风。②肥水管理。春季茄子生长快，结果多，是产量形成的关键时期，也是温室茄子肥水管理的关键时期。如此期肥水管理得当，植株生长健壮，不易发生早衰；肥水管理不当时，植株容易发生早衰。在具体管理上，要以防止植株脱肥脱水为重点，一般每5～7天浇水1次，每10天左右追施1次肥，同时进行叶面喷肥，以补充土壤营养的不足。③植株调整。植株长高后，相互遮光较严重，尤其是温室南面的植株往往较早的就顶到薄膜上，影响透光，也容易引起心叶发病，因此，此期除正常的抹杈外，还要及时对过长的枝干进行摘心，降低植株高度。

(6)夏季管理 ①遮阳降温。9～15时覆盖遮阳网。具体方法请参阅第22问。②控制坐果，积贮养分。茄子全年一大茬栽培经过一冬春的开花结果，植株养分消耗很大，特别是根系的发育受影响比较大，植株的生长势比较弱，需要进行恢复。因此，入夏后，植株应减少坐果，集中营养供应茎叶，恢复生长势；提高下部侧芽质量，以及恢复根系的生长势，为入秋后进行再生栽培奠定基础。③及时防虫。温室前脸和顶部天窗通风口覆盖20～40目防虫网，防止蚜虫、温室白粉虱等害虫潜入温室。发现害虫后及时喷洒农药防治。防止害虫的主要目的是控制茄子病毒病的发生。

(7)**秋季管理** ①温度管理。9月下旬后，当夜间的温度低于16℃时，要及时放下温室前脸裙膜保温。②光照管理。进入9月份后，随着温室外的光照逐渐变弱，要及时撤掉遮阳网，保持温室内充足的光照。③肥水管理。大追肥后，要及时早覆盖地膜，以避免过晚覆膜时伤叶严重。再生茄子不易发生徒长，并且结果比较早，应及时追肥浇水。一般进入结果期后，开始正常追肥浇水。④植株调整。再生植株的枝干生长不规律，应及早吊架固定。⑤除上述管理外，还应及时清除田间杂草，及时喷洒农药，防止病虫危害。

52. 日光温室茄子全年一大茬栽培怎样实行再生栽培？

茄子平茬再生栽培技术是头茬茄子生产结束前或结束后，利用主干中、下部新生的侧枝再次发棵并开花结果的技术。这项技术多用于茄子全年一大茬栽培，在寿光已成功实施多年。

(1)**适宜于再生栽培的品种** 温室茄子全年一大茬栽培对品种的要求有如下几点：①根系发达，吸收能力强。②中晚熟，植株生长势强，不易早衰。③结果力强，坐果率高，特别是在不良栽培条件下的坐果能力要强。④枝干的再生能力强，易发侧枝。⑤抗逆性强，对不良环境的适应能力强。要求耐热、耐寒、耐湿能力强。⑥抗病能力强。要求高抗绵疫病、黄萎病、青枯病、病毒病等较难防治的病害。

(2)**茄子再生栽培的形式** 茄子再生栽培按再生枝在植

株上的高低位置不同，分为以下两种形式：①中部再生。在植株的中部选留再生枝，再生枝的位置比较靠上，生长势较强，发棵早，生长快，同时，再生枝上的花蕾质量比较好，结果早，坐果率较高。另外，植株上部的光照条件比较好，有利于果实生长，果实品质比较优良。如果是进行短时间的再生栽培，应选择该种再生形式。②下部再生。在植株的下部选留再生枝，一般是从门茄下的主茎上速留再生枝。下部再生枝栽培空间比较大，栽培时间较长，易于获得高产。如果是通过再生技术进行加茬栽培时，则应选择下部再生形式。

(3)**茄子再生栽培的技术要点**　再生栽培技术管理的核心是通过剪枝和剪枝后加强肥水供应等措施，促使已趋于衰弱的植株发生新壮芽，生成新侧枝，重新形成旺盛的植株，并再次出现结果盛期。其技术环节及要求如下。

一是修剪时间。温室茄子全年一大茬高产栽培的适宜再生时间为 8 月下旬至 9 月中旬，每年剪枝 1 次。一般春季生产结束后，不再留果，也不再整枝，让植株进行休养、复壮。

二是剪枝方法。剪枝时，从主干距离地面 15～20 厘米位置处，将上部枝条剪掉。将剪下的枝条连同杂草等清理出温室后，进行追肥浇水，以促发新枝，但必须注意剪口下留足2～3 个已萌发的嫩芽。如果下部暂时无萌发的嫩芽，应分两次剪枝，先从对茄处以上 10 厘米剪枝，待下部发出芽后，再进行第二次剪枝；否则，部分植株会因无法吸收和输送养分而干死。

三是中耕松土，培土施肥。植株修剪后，为促其加快发生新芽，生长新侧枝，要及时进行中耕松土，培土施肥。先撤去上一年的旧地膜，用锄头将栽培垄两侧和中间充分翻松 1 次，而后每 667 平方米在垄中间暗沟内埋施优质农家肥 3 立方米，尿素20～30千克，硫酸钾10～15千克，最后培成20厘米高的栽培垄，并浇1次大水。

四是整枝吊秧。在以上管理条件下，剪枝后8～10天腋芽可形成侧枝，及时在垄上覆盖一层新地膜，并选留1条或2～3条粗壮侧枝进行开花结果。留1条侧枝时，将来分枝后仍按双干或三干整枝方式进行整枝。留2～3条侧枝的植株每条侧枝即是1根结果枝干，多余的侧枝全部抹掉。再生枝一般斜向上生长，应及早吊秧固定。另外，由于不同植株再生枝发生的时间早晚不同，植株的高度也不相同，应根据植株的生长情况及时调节植株的生长势，防止植株间高度差异过大，保持田间生长整齐。

五是施肥灌水。植株修剪后1个月左右，茄子就可开花结果。当有50%植株结果后，应肥水齐供。掌握每10～15天浇1次水，隔1次水追1次肥，每次每667平方米冲施尿素20～25千克，磷酸二氢钾5千克。后期注意追施硫酸钾肥，还可叶面喷施磷酸二氢钾及糖醋液，防止植株早衰。其他管理同常规栽培管理措施。

在生产过程中，一般再生茄子连茬前两年效益较好，但黄萎病和青枯病发生严重的地块，一般不主张使用该项技术。进行嫁接栽培的可以考虑使用该技术。

53. 日光温室茄子全年一大茬栽培为什么要求根系再生？怎样进行根系再生？

根系再生是指通过在主根附近开沟，切断外围根系，促使主根附近重新发生新根。

温室茄子全年一大茬栽培植株，其根系伴随着枝干生长也不断向外扩张，以至进行再生时，整个支柱的大部分吸收根系远离主根，分布到根群的外围。外围根系远离主根，一方面吸收的肥水运送到植株茎秆所需要的时间延长，运输途中的自身消耗增多，不利于茎秆的生长；另一方面叶片制造的有机营养也不能够快速运送到根系的外围，同时由于运输线加长，途中的消耗也增多，使最终达到吸收根的有效营养数量减少，也不利于根系的生长发育。上述问题随着栽培时间的延长，表现得越明显，越不利于植株的生长发育，这也是再生茄子随着再生次数的增多，造成生长势越来越弱的主要原因。因此，要使茄子再生栽培保持持久的旺盛生长势和结果能力，必须通过根群再生技术，促使主根附近大量再生吸收根，将主要吸收根群的位置回缩，缩短与主根的距离。

根系再生的具体做法如下：植株剪短后，利用田间空闲有利于施肥操作的时机，及时大追肥1次。在植株行两侧，距根茎10厘米以外处破垄开沟施肥，每667平方米温室施优质腐熟鸡粪2 000～3 000千克，优质复合肥40～60千克，钙镁磷肥50千克，施肥后将肥与土混合均匀。施肥后适当深翻地，将肥混翻入深土层中，以利于根系吸收，也有利于防止施肥过于集中而发生烧根。施肥后重新扶好垄畦，并大灌1次水，之后控水。

54. 日光温室冬春茬茄子防根结线虫栽培有哪些技术环节？

茄子作为山东省寿光市日光温室主栽品种之一，由于受温室条件所限，轮作困难，导致连作障碍逐年增加，特别是土传病害根结线虫发生严重，防治十分困难，已成为制约日光温室茄子栽培成败的主要因素。寿光市菜农在生产中总结出一套日光温室冬春茬茄子防治根结线虫的技术。现介绍如下。

(1)培育无线虫壮苗

一是播种。寿光市一般在 9 月中下旬播种，每 667 平方米用种量为 15～20 克。主要抓好 3 个环节：①营养土配制。一般提前 2 个月左右进行。普遍配方是：60%～70%的菜园土（最好是栽植过大葱的土壤），20%～30%的腐熟有机肥，5%～10%的人粪尿，0.2%的多元复合肥。将按此比例配好的材料混合均匀，集中堆放，并且加盖一层农膜密封。使用前 2 周在 1 立方米营养土中施入 10%克线丹颗粒剂 2 千克和 50%辛硫磷乳油 500 毫升，将营养土和药剂充分混匀，盖上农膜再重新堆制 2 周备用。若用直径 10 厘米的营养钵育苗，每 667 平方米标准日光温室的定植苗数为 1 500 株左右，另加 10%的预备苗 150 株，每钵需营养土 0.4 千克，则栽种 667 平方米地需配营养土 660 千克。②种子处理。一般采用热水浸种，浸种前先将种子用菌线威 2 000～2 500 倍液浸种 15 分钟，然后再将种子放入 50℃的热水中浸烫 15 分钟。种子放入后要不停搅拌，使种子受热均匀，到水温降至常温状态后即可停止搅拌，然后再浸泡 4 小时。③播种。播种前准备好播种床，最好播在日光温室内，这样可以防止雨水冲刷。播种前要求先浇透苗床，撒播要均匀，每平方米播种量为 10 克，播后盖上约 0.5 厘米厚的细土，铺上一层湿麦（稻）秸，以防止床土过干而影响出苗率。当已有一定比例的苗出土时应及时撤去麦（稻）秸。为方便假植（分苗），目前已开始流行在秧盘内播种，一般每 8～10 个秧盘播 20 克种子。

二是假植。当秧苗有 2～3 片真叶时即可假植，一般选择晴天或多云天气的下午进行，假植前半个小时先给秧苗浇透 1 次水，使根系和泥间有充分的粘着力。假植时注意起苗动作要轻，以防止伤苗。假植到营养钵内的秧苗要浇足水，并随即用小拱棚覆盖保湿3～4天，若气温过高可加盖遮阳网或草片降温，使小拱棚内温度保持28℃左右，以促发新根。

三是苗期管理，主要抓好3个环节：①温光控制。苗期小棚内昼夜温差一般最好保持在18℃～25℃，当夜温降至15℃以下时，要及时将苗移至日光温室内，并套盖小拱棚。育苗期间，秧苗活棵后，小棚薄膜每天都应及时揭盖，以增加通风透光，提高光合作用。在茄子苗具4～5片真叶期，如夜温不低于15℃，晚上可不盖小棚膜，以促进花芽分化，提早开花。②肥水管理。育苗前期温度较高，浇水要勤。一般选择早晚浇水，10月下旬至11月上旬，要适当控制浇水量，减少浇水次数，做到钵内营养土不发白不浇水，浇则浇透。③病虫害防治。苗期主要病害有猝倒病和立枯病，一经发现病株，马上拔除，并用0.1%多菌灵或敌克松配合浇水浇施，并在病株周围撒多菌灵或敌克松原粉以防止病情蔓延。另外，注意给苗床适当通风，防止过湿。主要虫害为蚜虫，要做到早防早治。

(2)定 植

一是土壤消毒。前茬作物收获后，清洁田园，采用氰氨化钙(石灰氮)对土壤进行一次彻底消毒。具体方法是：茄子定植前每667平方米撒施氰氨化钙75～100千克，生鸡粪3 000～4 000千克，深翻15～25厘米，混匀，做畦后灌水，灌水量要达到饱和程度，覆盖透明塑料薄膜，四周要盖紧、盖严。密闭温室，闷棚20～30天。闷棚结束后，可根据土壤湿度情况开棚通风3～5天，而后疏松土壤，即可栽培茄子。土壤消毒应选择在5月上旬至9月上旬日光温室闲置期进行。用氰氨化钙消毒是无公害蔬菜茄子生产提倡使用的方法，它不仅能够杀死土壤中的根结线虫，而且能为茄子提供一定量的氮素营养和足够的钙素营养。

二是整地。基肥要求在定植前半个月施入。由于茄子单株产量高，需肥量大，要施足基肥，每667平方米需腐熟有机肥1000千克或饼肥80千克，复合肥15千克，过磷酸钙40千克。所有肥料均需开沟深施于畦中间，一般要求施入深度为25～30厘米。施肥时要一同拌入杀线虫剂，每667平方米施10%克线丹4～5千克，或10%力满库颗粒剂3～4千克，或3%米乐尔颗粒剂4～6千克，必须做到药、肥、土混匀。整平地后做成高20厘米、宽80厘米的高畦。

三是定植。一般在11月中旬至12月上旬定植为宜，要选择冷空气过后的晴天进行。每畦种2行，株距约45厘米。随即盖日光温室薄膜保温，以促发新根，及早缓苗。定植时定植穴要用1.8%阿维菌素2000～3000倍液灌定植穴，每穴灌液100毫升左右，以防治苗坨中残存的根结线虫侵入土壤。

(3)田间管理

一是保温防寒。主要采用日光温室套小棚的方法。小棚采用“两膜一保温材料(草帘或遮阳网)”的覆盖方式。

二是通风透光。在低温季节，一般每天8～9时揭去草片等保温材料，9～10时揭开小拱棚薄膜。晴天11～12时根据棚内温度将日光温室薄膜适度揭开通风，棚内温度以25℃左右为宜。

三是整枝打叶。当门茄开始开花后，将门茄以下的侧枝全部摘除，门茄以上的侧枝不进行整枝。如整枝过早，不利于发根；整枝过迟，会引起徒长而不利于整个植株的发育。去老叶要及时，如果叶片过多，会影响通风透光，降低坐果率，引起果实打弯，从而降低商品性；叶片过少，又不利于光合作用，降低产量。摘除老叶的原则是将要采收的茄子挂果位置的老叶及时摘除。

四是防止落花落果。由于冬、春季日光温室内光照较弱，温度低，茄子落花落果现象严重，在生产上必须用激素蘸花保果。通常用10～30毫克/千克的2,4-D液涂于花柄上，如果加入40毫克/千克左右的赤霉素液则可加快茄子发育。4月中下旬以后，温度明显回升，遇到连续晴天，棚内较干燥，应及时进行浇水或沟灌。

五是肥水管理。由于前期温度较低，水分蒸发少，保持土壤适度干燥将有利于保温和减少病虫害的发生，也有利于植株的生长发育，故一般不浇水。4月中下旬以后，温度明显回升，遇到连续晴天，棚室内较干燥，而且茄子根系发达、需水量增大，应及时进行浇水或沟灌。一般每采收2～3批，需追肥1次。采用穴施。每667平方米施氮、磷、钾复合肥(15-15-15)10～15千克和尿素5千克。

六是灌根。冬春茬茄子只要采取培育无线虫壮苗，前期基本造不成危害，天气转暖前再用杀线虫剂灌根2～4次，就能基本控制整个生长期内不受根结线虫侵害。灌根时可任选以下一种方法：①1.8%阿维菌素1 500～2 000倍液，每株灌液250毫升左右，隔10～15天灌1次，连灌3次。②菌线威3 500～4 000倍液，每株灌液250毫升左右，隔10～15天灌1次，连灌3次。③5%淡紫拟青霉菌2 500～3 000倍液，每株灌液250毫升左右，隔10～15天灌1次，连灌2次。④50%辛硫磷乳油1 500倍液，每株灌液250毫升左右，隔7～10天灌1次，连灌4次。

(4)采收 冬、春季茄子采收的标准是花后18～22天，即萼片与果实相连部位的白色环状带(俗称“茄眼”)开始不明显时，表示果实生长较慢，应及时采收。4月下旬开始，随着气温的回升，果实生长速度加快，一般花后13～15天即可采收。

55. 日光温室茄子槽式有机生态型无土栽培技术包括哪些关键措施?

(1)栽培设施

一是栽培槽。框架选用24厘米×24厘米×5厘米的标准红砖,槽内径为48厘米,槽深20厘米(地面上垒4层砖),槽长6.5米,槽间距(内径)60厘米,南北方向延长,北高南低,底部倾斜度2°～5°,槽底中间开一条宽20厘米、深10厘米的"U"字形槽,在槽间南端每两槽间挖1个深30厘米、方圆直径为30厘米的小坑,以利于排除过多的积水,槽底及四壁铺0.1毫米厚的双层薄膜与土壤隔离,每槽用砖170块,槽间走道铺薄膜与土壤隔离,也可在槽间走道铺砖,槽建好后,要求槽面保持平展。

二是栽培基质。基质比例为菇渣∶玉米秸∶渣＝1∶2∶2。配好基质后进行发料和装料:①高温发料。有机基质在栽培前2个月准备好,温度低时在温室内发料,温度高时在开阔的场地发料。先将拉回的菌棒捣碎,每平方米加入过磷酸钙3千克,将菇渣充分浸湿,底层铺塑料膜与土壤隔离,将料堆成1米高的垛,上盖棚膜进行发酵,每5～7天翻料1次,并根据干湿程度补充水分。当料充分变细、无异味时,表示料已发好。玉米秆用粉碎机粉碎或铡成2厘米长的短节,混匀浇透水,堆成垛,采用同菇渣一样的方法进行发料,当秸秆有诱人的清香味时,表示料已发好。②装料。先在所设的"U"字形槽内铺直径为1～2厘米的粗煤渣3～5厘米厚,其上铺双层编织袋用于保水,然后将发好的料装满栽培槽,并用水浇透,趁势压实、压平。

三是供水系统。要有自来水设施或建水位差为1.5米高的蓄水池，采用北京绿源公司生产的滴灌管，槽内铺2根滴灌管，软管距两边砖各10厘米。

四是养分。采用中国农业科学院蔬菜花卉研究所研制的有机生态无土栽培专用肥。

(2)穴盘无土育苗

一是浸种催芽。将种子在阳光下暴晒2天后，把相当于种子体积5倍的55℃温水倒入盛种子的容器内，边倒边搅拌，待水温降至30℃停止搅拌。捞出种子用清水淘洗后，置于25℃～30℃水中浸泡12小时，然后淘洗干净，沥水后用纱布包好，盛于塑料容器内，上盖一层湿毛巾，置28℃～30℃处催芽。每天早晚淘洗1次种子，5～7天后种子发芽。

二是装盘。选用72孔苗盘，把育苗基质装入苗盘中，浇水湿润，用另一穴盘底部压播种穴，这样可保证种子播种深度一致。

三是播种。将种子点播在穴盘中，上盖一层基质或干净面沙，洒透水后，在穴盘上盖一层报纸，穴盘下铺一层旧地膜或编织袋与土壤隔开，外围搭建小拱棚，夏季育苗时覆盖遮阳网。

四是育苗管理。播种后基质温度保持28℃～30℃，当60%种子出苗后，撤去报纸，白天温度保持25℃～28℃，夜间15℃～18℃。天气炎热时，每天10时洒1次透水，当茄子苗具4片真叶时移栽定植。

(3)栽培管理

一是定植前的准备。提前半个月准备好栽培设施，定植前1周用自来水浇透基质。用1%的高锰酸钾和敌百虫0.5千克喷施架材、墙壁和栽培料。风口可设置40目防虫网，然后密闭温室进行高温闷棚3～5天，经消毒处理后，温室内无害虫及绿色植物，温室要保持干净整洁。

二是定植。选择生长旺盛、整齐一致的苗子，采用双行错位定植法定植，同一行的株距为45厘米，保持植株基部距同部位栽培槽内径10厘米，定植深浅程度与原栽培面持平；边定植，边浇定植水，定植后2天铺70厘米宽的超薄膜。

三是定植后管理。主要抓好以下5个环节：①温度、光照管理。茄子属典型的喜温作物，种子发芽温度为20℃～30℃，生育适温为17℃～25℃；开花结果期的最适温度，白天为25℃～30℃，夜间为15℃～20℃，15℃以下生长缓慢；最低发育温度为13℃，10℃下停止生长。因此，在冬季夜晚，必须注意增加温室设施保湿性能，最低温度不能低于13℃，要勤擦洗棚膜，并在后墙张挂反光幕以增强光照。②水分管理。定植后晴天隔1天浇1次水，每天早晨浇1次，约15分钟，阴天不浇水。深冬季节每3天浇1次水，2月份气温回升后，每天浇1次水。③施肥。定植后20天开始追肥，以后每隔15天追施1次。结果前每株施专用肥13克，结果前期每株施17克，结果盛期每株施20克，将肥料追施在距植株根部5厘米以外的范围。④植株调整。采用双干整枝，每株只留2个干。门茄坐果后，适当摘除基部1～2片老叶、黄叶；门茄膨大时，将门茄下叶片全部打掉；后期在每个茄子果实下只留2片叶，其余老叶和多余的侧枝全部摘除。⑤保花保果。为了提高结果率和产量，防止低温或高温引起的落花和产生畸形果。在开花前后2天内，用毛笔将浓度为30毫克/千克的2,4-D溶液涂在花柄上，并添加红墨水作为标记。

56. 什么是日光温室茄子袋式有机生态型无土栽培技术?

茄子袋式有机生态型无土栽培,系指用一定规格的专用袋,内盛基质,将茄子栽种在基质袋上,采用滴灌系统供液的栽培模式。其栽培袋一般选用厚 0.1～0.2 毫米的黑色或乳白色或黑白双色不透明塑料膜加工制成,形状一般为长方形,袋内盛有基质后呈枕头状。栽培时在袋上切出两个 10 厘米直径的孔,在孔内定植茄子,并由定植孔将营养液或清水滴入袋内。在底部斜向排水沟一侧切开几道 1 厘米左右的小缝,作为排水孔(图 2-5)。茄子栽培用袋的适宜规格为:长 90～100厘米,折径 35～40 厘米,装填基质后厚度为 10 厘米以上。每袋栽种 2 株茄子。栽培基质配制详见第 55 问。

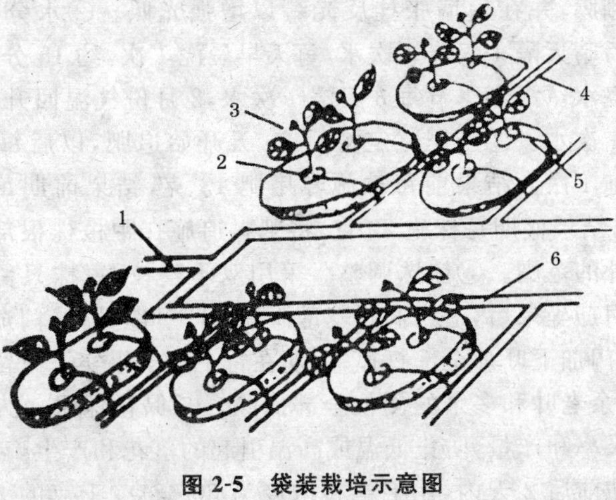

图 2-5　袋装栽培示意图

1. 主管　2. 栽苗孔　3. 栽培袋　4. 毛管　5. 滴灌　6. 支管

57. 什么是日光温室茄子膜下滴灌技术？

（1）膜下滴灌的供水　温室滴水灌溉用水多数为井水，但用提井水的泵直接向棚内滴灌供水，存在着同时供水而又多个温室不同时用水的矛盾。因此，温室滴灌的供水一般应选择以下两种形式：①压力罐供水。对于温室多而又集中的片区，一般采用压力罐集中加压，压力罐安装在水泵和滴灌之间，可在无人控制下保证管网连续工作，棚内不再另设加压设备。在水源处设置旋流水沙分离器和筛网过滤器组成的过滤设施。压力罐供水的优点是一次性投资小、管理方便，其缺点是增加了灌溉运行的费用。②单棚小泵供水。对于每个温室，在温室附近建5～7立方米地埋式蓄水池，用机井集中向池中供水，滴灌时单棚装微型水泵加压，并在滴灌首部装过滤器等。就整体计算，投资较大，但就每个温室来说易建易管。

（2）膜下滴灌的应用

一是滴灌毛管的选用。茄子等作物根系发育范围小，对水分和养分的供应十分敏感，要求滴头布置密度大，毛管用量多，因而毛管应选用价格较低的滴灌带，这样可有效地降低滴灌造价，且运行可靠，安装使用方便。

二是膜下滴灌的布置。在滴灌进棚前，应顺着棚的跨度起垄，垄宽40厘米，高10～15厘米，做成中间低的双高垄，滴灌带放在双高垄的中间低凹处，垄上覆盖地膜。双高垄的中心距一般为1米，因而滴灌毛管的布置间距为1米。滴灌毛管的每根长度一般与棚宽（或棚长）相等，对需水量大的茄子有时也布置两根。支管布置一般顺棚的后墙（或顺棚跨）长度，与棚长（或棚跨）相等。在支管的首部安装施肥装置和二级网式过滤器等（图2-6）。

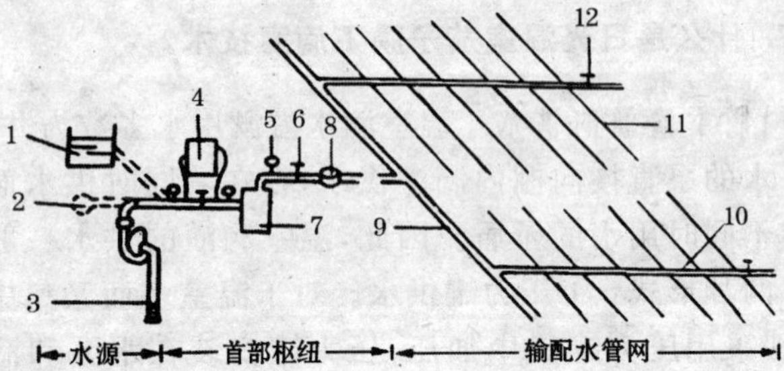

图 2-6　滴灌系统组成

1. 贮水器　2. 供水管　3. 水泵　4. 施肥器　5. 压力表　6. 阀门　7. 过滤器　8. 水表　9. 干管　10. 支管　11. 毛管　12. 冲洗阀门

三是滴灌茄子的效益。温室膜下滴灌一般比大水漫灌节水70%左右，并能大幅度降低棚内湿度，减少病虫害，提高茄子的品质；比大水漫灌棚温高，鲜菜可提前上市半个月。温室膜下滴灌茄子可增产20%～40%，投资回收期一般为4～6个月。

(3)膜下滴灌的管理

一是规范操作。要想达到茄子滴灌的最佳效果，设计、安装、管理必须规范操作，不能随意拆掉过滤设施和在任意位置自行打孔。

二是注意过滤。温室膜下滴灌茄子，要经常清洗过滤器内的网，发现滤网破损要更换，滴灌管网发现泥沙应及时打开堵头冲洗。

三是适量灌水。每次滴灌时间长短要根据缺水程度和茄子品种决定，一般控制在1～4个小时。由于滴灌能保持地面不板结，且透气性好，因此在不适宜种菜的黏质土壤上种菜也能获得高产。

58. 什么是日光温室张挂反光幕技术？

日光温室冬、春季茄子生产是在采光时间短、光照较弱的条件下进行的，温室后部的茄子植株往往生长细弱、易徒长，后部的产量都比前部低。因此，光照弱，地温、气温低成为提高日光温室茄子产量的主要限制因素。为了增加室内光照强度，提高土壤、空气温度，采用在北侧张挂农用反光幕的方法可以改善日光温室的温、光条件，提高秧苗素质和茄子产量，经济效益和社会效益十分显著。这是寿光市冬季、早春温室茄子生产上一项投入少、见效快、方法简单，而且无污染、能大幅度提高茄子产量和温室效益的实用性技术。

(1)反光幕应用效果　①温室内张挂反光幕可明显增加温室内的光照强度，尤以冬季增光率为高，可增加光照强度约20%。②可提高气温和地温，一般可提高室内气温1℃左右、地温2℃左右。③育苗时间缩短，秧苗素质提高，同品种、同苗龄的幼苗株高、茎粗、叶片数均有增加，雌花节位降低。④可改善温室内的小气候，使植株的抗病能力增强，并减少农药使用和污染。⑤张挂反光幕温室的茄子产量、产值明显增加，尤其是冬季和早春增效更明显。

(2)反光幕的应用方法　使用反光幕应按温室内的长度，用透明胶带将50厘米幅宽的三幅聚酯镀铝膜粘接为一体。在温室中柱上由东向西拉铁丝固定，将幕布上方折回，包住铁丝，然后用大头针或透明胶布固定，将幕布挂在铁丝横线上，自然下垂，再将幕布下方折回3～9厘米，固定在衬绳上，将绳的东西两端各绑竹棍一根固定在地表，可随太阳照射角度水平北移，使其幕布前倾75°～85°。也可把50厘米幅宽的聚酯镀铝膜按中柱高度剪裁，一幅幅紧密排列并固定在铁丝横线上。150 厘米幅宽的聚酯镀铝膜可直接张挂。

(3) **注意事项** 定植初期，靠近反光幕处要注意灌水，水分要充足，以免光强温高造成灼苗。中柱前挂幕的下面应留空当，以便于浇水。使用的有效时间为 11 月至翌年 3 月。对无后坡的温室，需要将反光幕挂在北墙上，使镀铝膜的正面朝阳，否则膜面离墙太近，将因潮湿造成铝膜脱落。每年用后，最好经过晾晒再放在通风干燥处保管，以备再用。

59. 什么是日光温室茄子熊蜂授粉技术?

冬季保护地茄子栽培由于受低温、环境密闭、昆虫冬眠等因素的影响，茄子自然授粉率很低，因此不少菜农采取 2,4-D 或防落素喷蘸处理的方法代替自然授粉，以促进坐果。然而，由此产生的激素残留成为影响茄子品质及出口的主要限制因素之一。目前，利用蜂类为温室果蔬授粉，已成为一项高效益、无污染的现代化农业增产措施。熊蜂是最好的授粉昆虫之一，农业发达国家已把熊蜂授粉作为一项常规技术应用到农业生产当中。

(1) **熊蜂授粉的使用方法** 茄子开花进入盛花期之前 4 天，将蜂箱搬入棚内，绑到日光温室中间位置的立柱上，蜂箱的进出口朝南。靠近蜂箱放一盛满清水的容器，清水里放一些麦秸，以便于蜜蜂采水，每隔 3～4 天换 1 次水。要在前立窗和天窗上安装 20～24 目防虫网，一定要把日光温室封严，防止熊蜂飞行的时候从一些缝中飞出去。每天早晨日光温室草苫拉起后把蜂箱的进出口打开即可。一箱熊蜂(100 余只)可供 1 334 平方米茄子授粉。1 个日光温室一般不超过 667 平方米，一箱熊蜂足以达到授粉要求。

(2) **熊蜂授粉的注意事项** ①杀虫剂对熊蜂的危害很大，

喷药前一天下午等熊蜂全部飞回蜂箱后，将蜂箱的进出口关闭，然后将蜂箱搬到温暖的地方。第二天喷药，第三天通风，第四天上午再将蜂箱搬回原处绑好，下午打开巢门即可。杀菌剂对熊蜂的影响不大，喷药前一天晚上待熊蜂全部飞回蜂箱后将进出口关闭。第二天喷药，第三天上午通风，下午就可将蜂箱进出口打开。②不要拆开蜂箱或用力敲打蜂箱，以免激怒蜂群蜇人。③下午盖草苫时，留下蜂箱顶上的一帘，待天黑熊蜂全部回巢后再放下。

(3)熊蜂授粉的优势 ①增产显著。用熊蜂为保护地茄子授粉，增产效果显著，比用激素增产35%以上。而且能提高茄子产量，优于其他授粉方法。②可提高茄子品质。果实个体大小均匀一致，且果形好，无畸形果，从而提高茄子产品的市场售价，增加了收益。③省时省力。授粉工作由熊蜂完成，不需任何劳力。蜂箱内配备3个月的食物，放入温室后，无须任何管理。茄子开花期，将蜂箱放置在温室大棚内高于地面的位置，每箱有蜂80～100只，授粉面积可达1 334平方米。④提高生态环境效益。使用传粉昆虫可减少有毒农药的使用，而增加对低毒高效安全农药的使用，并有意识地侧重于采用生物防治技术；减少激素造成的污染，提高了茄子品质，保护了生态环境，有益于消费者身体健康。

60. 如何正确使用2,4-D和防落素？二者有哪些不同？

(1)2,4-D的正确使用 2,4-D是一种植物生长调节剂，能防止茄子因低温或高温引起的落花，而且用2,4-D处理过的茄子果实膨大快，可以提早成熟，形成的果实大，种子少。

一是配制方法。2,4-D是一种白色粉状结晶，通过配制才可以使用。配制时，先把1克的2,4-D粉末倒入5毫升的无水酒精中，隔水加温，使其迅速溶解，成为橙黄色的透明溶液，然后倒入 995 毫升的温开水中，配制成浓度为 1 000 毫克/升(即每升溶液含 2,4-D 1 000 毫克)的原液。也可用烧碱溶解，把水烧开，冷却至 50℃，再加入 2,4-D 粉末搅拌，同时加入碱粉，边搅拌边倒入碱粉，直到 2,4-D 粉末溶解完为止。测定溶液的 pH 值，调整到 pH 为 7 左右为宜，使用时可按所需浓度进行稀释。

二是使用浓度。根据外界气温的不同，使用浓度略有变化。在早春气温偏低的条件下，2,4-D 溶液浓度以 10～20 毫克/千克为宜，随着气温的逐渐升高，使用浓度可降到 10～15 毫克/千克。

三是处理方法。采用浸花和涂花两种方法。采用浸花处理的，先将配好适当浓度的 2,4-D 溶液放在小杯中，然后把刚开放的花的花柄放入溶液中浸一下即取出，并将留在花上多余的溶液在杯边刮掉，防止花朵因 2,4-D 溶液过多而造成畸形果或裂果。涂花法是将配制好的 2,4-D 溶液放在小杯中，并将少量红色的颜料加入溶液中作为标记，用毛笔蘸取溶液涂到花柄上即可，开 1 朵花则涂 1 朵。在茄子开花盛期，应每天处理，在开花的初期和末期，开放数量较少，可隔 2～3 天处理 1 次。处理应在早上露水干后为好，避开中午高温时间，阴雨天不要处理。

四是处理时期。2,4-D 溶液的处理时期以花朵刚开放或半开放时为宜，每朵花只能处理 1 次，重复处理会产生裂果和畸形果。未开的花不能处理，开足的花处理效果不好。

(2)防落素的正确使用　防落素的学名为对氯苯氧乙酸(PCPA)，又称番茄灵。防落素也是一种有效的植物生长调节剂。由于防落素对茄子的生长点和嫩叶的药害比较轻，使用较低浓度时几乎没有副作用，因此比较安全。而且使用防落素可以采用喷花处理，省工，效率高，保花保果效果显著。

一是配制方法。先配制 1 000 毫克/千克原液，然后稀释为所需浓度使用。将 1 克防落素溶解于少量的 95%酒精中，加水到 1 000 毫升即成 1 000 毫克/千克原液。若取1 000 毫克/千克原液 20 毫升加水 980 毫升，便成为20 毫克/千克的溶液。

二是使用浓度。药液浓度一般掌握在 20～50 毫克/千克之间，尤以 40 毫克/千克为宜，气温低时(15℃～20℃)浓度可高些，气温高时(20℃～25℃)浓度可低些。由于采用防落素处理的果实膨大速度在开始稍慢于用 2,4-D 溶液处理的花朵，但半个月之后就能逐渐赶上。所以，不能认为防落素的效果差而任意增加浓度，因过高的浓度将带来药害，出现果实大脐等畸形现象。

三是处理方法。将配制好的药液注入小型喷雾器，右手拿着喷雾器，对准要处理的花朵进行喷雾，以喷湿为度，但尽量避免药液溅到嫩叶上，因此在处理时应用左手的食指和中指轻轻夹住要处理的花梗，并用手掌遮住不处理的部分。花序上的花朵比较多，常一起处理，不必分别处理。

四是处理时期。当花序上有一半的花朵盛开时进行处理。花朵宜开得稍大一些，不宜过小。每朵花处理 1 次即可，一般每隔 4～5 天处理 1 次。由于处理间隔时间比使用2,4-D的间隔时间长，因此当进行下一次处理时，上一次处理的花朵的子房已发育膨大，用肉眼即可分辨，故不必在药液中添加颜料作为标记。如果气温较高，开花又集中，1 个花序喷雾 1 次即可。当昼温达到 25℃～30℃、夜温为 15℃～20℃时，即可停止使用。

(3)**2,4-D 处理与防落素处理的不同之处**　2,4-D 和防落素属于两种不同类型的植物激素，在使用方法、浓度以及对茄子坐果等方面的影响差异比较明显，具体表现在以下 4 个方面：①坐果能力不同。相比较而言，2,4-D 处理的茄子花较容易坐果，坐果率较高；防落素处理的茄子花坐果率相对低一些。两者的差异在低温环境下表现较为明显，这是温室茄子主张用 2,4-D 保花的主要原因之一。②对果实的品质影响不同。2,4-D 处理的果实容易形成畸形果，而用防落素处理的果实则不容易形成畸形果。③对花的负面影响不同。2,4-D 的使用时期、使用浓度及使用量不当时，极容易发生烧花，造成花朵干枯或脱落，而防落素的不良影响程度相对较小。④处理方法不同。2,4-D 对茄子的茎叶能够造成伤害，只能处理单花。而防落素在要求浓度下不会对茎叶造成危害，可用小型喷雾器喷花，以提高工效。

61. 目前茄子用激素点花存在哪些误区？

(1)**认识上的误区**　有些菜农以为在低温条件下激素能防止落花落果，实现早熟高产。在茄子开花后，偏重于用激素处理花朵，轻视和放松综合管理措施，结果是仍有落花，畸形果多而减产减收。事实说明，激素的作用只局限于防止落花落果这一点上。在一定的环境条件下，激素确实能“立竿见影”，但有时却显得“无能为力”。短柱花、授粉不良、僵果、畸形果和烂果的形成，也不全是激素的过错。没有良好的生长环境，充足的水肥供应，精细周到的管理措施，单靠激素处理花朵是不能实现早熟高产的。应走出误区，正确地认识和对待以下 8 个问题：①长期的弱光条件下，长柱花减少，短柱花增多。短柱花由于花柱短，不能露出花药筒，不能授粉受精。

应设法增光补光，如采取增挂反光幕、早揭晚盖覆盖物、阴雨天短期揭苫等措施，有条件的也可用日光灯补光。②在夜间高温条件下最易形成短柱花，不能授粉受精。育苗期夜间高温，花芽会提前分化，短柱花增多。昼夜温差对长柱花的形成至关重要，应把夜温降到 15℃～17℃。③比较弱的植株所开的花，花梗细、花瘦小、花柱短、不易授粉受精，即使用激素处理，也会形成僵茄。应注意育壮苗，定植时淘汰弱小苗。④土壤干旱、空气干燥、土壤中肥料浓度过大等，常使花的发育受阻，易形成短柱花。即使是长柱花，用激素处理，但由于叶片制造的养分少，也会形成僵茄。应防止干旱，每次施肥量不宜过大，做到"少吃多餐"。⑤ 在门茄"瞪眼"前没有及时进行适宜的蹲苗，生长过旺的植株所开的花易落花，即使用激素处理，也易形成僵果、多心皮果或雌蕊基部分发育造成毛边果、扁平果等，这时叶片制造的养分被茎叶争夺，生长点营养过剩，影响了花芽分化和发育。应适时蹲苗，蹲苗期适当控水控肥和中耕，使植株矮壮，根深叶茂，从而实现坐果节位低、节间短、花梗粗、花柱长、易授粉。⑥ 植株长势不好，用激素处理促进坐果，结果多，而叶片制造供给的养分少，也易形成僵茄。应适时疏花疏果，可摘掉门前茄花，适当延长营养生长阶段，促根壮秧。⑦ 在高温条件下，用高浓度激素处理花朵，会形成凸凹状畸形果，因此应用低浓度激素处理花朵。⑧空气相对湿度长时间在 85%以上，易导致茄子绵疫病和灰霉病的发生和蔓延，使花朵授粉困难，此时即使用激素处理，也易落花落果或烂果。茄子喜水忌湿，应注意做好排湿降湿的工作，施药应避免用药液喷施而增加湿度，应采用粉尘法或烟雾剂施药，并在激素药液中加入 1%的速克灵或扑海因，可防患于未然。

(2)**点花时间上的误区** 相当一部分菜农对于激素处理花朵在时间上毫无规律，有的甚至几天才去检查点花1次，效果不好。试验证明，茄子开花前3天和后3天点花都有作用，但是，坐住果并不等于就能长成品质良好的商品茄，这里存在着一个时间上的误区。怎样才能达到百分之百坐住果？试验证明，只有开花前1天和开花的当天用激素处理花朵，才能达到最佳效果。

(3)**激素浓度大小的误区** 一些刚开始栽培茄子的菜农，总是认为点花激素浓度越大越好，致使出现大量的畸形果。有些则按0.003%的浓度，不分温度高低，千篇一律的处理花朵，这些做法都不能达到最佳效果。在日光温室内可根据温度的高低，配0.003%～0.005%的浓度。如2,4-D浓度过大，在不适宜的温度下会出现畸形果，在适宜的温度下会影响茄子正常膨大，可在激素溶液中加入和激素等量的赤霉素，这样既可克服存在的弊病，又可促进茄子膨大，效果很好。以上浓度溶液只能用于涂抹茄子花柄，既不能绕花柄抹一圈，也不能顺花柄拉长抹，只能像写大字那样的一点，点在花柄上的长度不要超过1厘米。毛笔上的药液不可蘸得太饱，避免药液流淌对主茎、花苞及叶片造成药害。

62. 深冬日光温室茄子生产存在哪些偏差？如何纠正？

(1)**扣地膜过早，影响茄子根系正常发育** 深冬茄子嫁接栽培的一个主要配套措施是盖地膜。生产上的做法常是栽前先盖或栽后随即盖，其目的是着眼于提高地温，促进早发根和快缓苗。但由于覆膜之后，土壤深层的水分会顺着毛细管上升到近地表层，在受到薄膜的阻隔后会在膜下形成一个湿润层，由于这个湿润层的存在，砧木根就放弃了深扎的努力，而停留在浅层发展，大量的根系分布在0～20厘米的土层里，而这恰恰是温室土壤变化最为剧烈的部分，根系极易受到伤害。正确的做法是：先施基肥，深翻40厘米，活化土壤，创造一个有利于茄子根系深扎的土壤环境。再按定植行距开沟，在沟里浇大水使土壤深层贮有充足的水分。当地皮发干可以操作时，在沟上筑起高垄，在垄上开沟（或穴）进行栽苗。栽时浇定植水，缓苗后浇缓苗水，而后转入以锄划为主，努力创造一个上干下湿的土壤环境，利用在定植前所创造的充足的底墒来诱导根系向深层发展。一般定植后15～20天再覆盖地膜。

(2)冬季控水、控肥过了头，影响深冬茄子增产潜力的发挥 在深冬茄子生产中，防止浇水过多是对的，尤其是12月中旬至翌年1月下旬，要控制浇水，但不能控过了头，以至很多棚室不敢浇水，怕浇水后地温下降，影响茄苗正常生长；怕空气湿度大，茄苗得病。其实，这是一种认识上的偏差。首先，棚室蔬菜一般需水较多，如果不能保证水分正常供应，作物的正常生长就要受到严重影响，使抵抗病害的能力降低。没有足够的水分供应，即使作物不发病，作物的生长也会受到影响，收获期会推迟，产量会降低，已失去控水、控肥的意义。正确的做法是：①浇水的水温尽量高些，或与浇水时的地温差距小些。为了做到这一点，一般强调使用机井水，而且输送水的渠道不要太长。如果使用地表水，须将水先引入温室，在水池中预热后再浇灌。②浇水要把握好时间。首先，浇前要注意天气预报，浇水要在晴天进行，浇水后至少要保证有3天以上的晴天。然后，浇水须在早晨揭苫后进行，以缩小地温和水温的差距，浇水后有足够的时间提高地温和排除水汽。③水量不宜大。一般浇水后会降低地温，而且水量越大地温受到的影响越大。因此，深冬茄子在12月中旬至翌年1月下旬浇水，应严格控制浇水量。④实行滴灌。特别是膜下滴灌，既能满足水分供应，又不会急速降低地温，同时也不会加大空气湿度，应该提倡。

(3)**激素使用不当，影响生长点生长** 深冬茄子定植1个月后，正值开花期，常因2,4-D使用不当，造成新叶畸形呈鸡爪状或扭曲变形。不少菜农因不知道产生畸形叶的原因而束手无策。有些菜农误认为是病毒病或是茶黄螨为害，使用大量杀螨、杀病毒药剂也难以奏效，往往因诊断不清而影响防治。正确的做法是：①采用2,4-D蘸花，最好在8～9时进行，即使在最冷的1月份也应在10时前蘸花，要求最高气温不超过30℃，最好控制在25℃左右。如果温度适宜，2,4-D浓度为30毫克/千克；如果气温偏高，浓度为20毫克/千克。②药液中最好加入少量赤霉素，防止落花和促进果实生长的效果更好，同时可以减轻药液对新叶的危害。③采用正确的涂抹方法，药量不能过大，更不能全蘸花或喷花。

63. 寿光菜农日光温室茄子每667平方米产20 000千克以上，有哪些栽培经验？

(1)**施用基肥要合理** 茄子需肥量大，要施用充分腐熟的畜禽粪做基肥，一般每667平方米用15立方米左右，生物肥300千克。同时，要结合测土配方施肥，施入适量化肥和微量元素肥料。施肥后采用旋耕机与人工深翻相结合的方法，耕翻2～3遍，使土壤耕作层深度达到30厘米以上，以使肥料与土壤充分混匀。

(2)**合理施用肥水** 茄子定植后第一次浇水要浇足浇透。在植株生长过程中，为防止徒长，浇水时要小水勤浇，切忌大水漫灌。但也不能控水过度，否则会导致茄子出现短花柱花，坐果差，生畸形果。此期应适当喷用膨大素等生长调节剂，以调节生殖生长与营养生长之间的平衡。冬季温度低，为促使根系旺长，扩大伸展范围，要多冲施含有益菌的生物肥，如龙珠生物肥含有毛壳菌、甲壳素，有利于土壤中的放线菌繁殖与生长。通过以菌治菌预防病害发生。随水施肥时，最好在晴天上午进行，要本着少施勤施的原则，根据茄子生长期需肥规律灵活掌握。

(3)掌握好棚室温度 茄子喜强光，喜温暖，一般要求白天温度控制在28℃～30℃，下半夜温度控制在13℃～18℃，尽量使昼夜温差保持在10℃以上。根据天气情况及风向变化，及时调节通风口大小或拉放草苫。

(4)合理整枝 采用阶梯形整枝方式进行茄子植株调整，充分利用回头茄。具体做法参阅第40问。

(5)灵活掌握点花药浓度 一般常用1支(2毫升)2%的2,4-D对水1.1升，同时混加速克灵5克、4毫升云大-120、赤霉素6毫升，以提高坐果率和坐果质量。冬季低温要适当提高浓度。点花以每天上午最适宜，点药液不可过多，一般以点1厘米长为宜；如点得过多，结出的茄子容易弯曲，变成畸形果。

(6)及时防治病虫 冬季低温高湿，棚室茄子最容易发生菌核病、绵疫病、灰霉病和生理性缺素病。为防止病害发生，一般每隔7～10天喷1次杀菌剂预防，常用的药剂有扑海因、农利灵、品润等。同时根据植株长势，可喷S-诱导剂、绿芬威2号、小叶敌等叶面肥，以增强植株抗性，提高耐低温能力，改善果实品质。施用药物防病时，要注意最好不用含唑类的杀菌剂，因为这类药物一旦浓度掌握不好，易发生畸形果。

三、茄子优良品种与栽培要点

64. 快圆茄有什么特点？其栽培技术要点是什么？

(1)特征特性 系由天津市优良农家品种经提纯、选育而成的早熟品种。株高50～60厘米，开展度较小，茎绿紫色，叶绿色，叶柄及叶脉浅绿色。门茄多着生于6～7节。果实圆球形稍扁，果实直径10厘米左右，果皮深紫色，有光泽，单果重约500克。耐寒，果肉细而紧，品质和外观均佳。适于保护地早春栽培。

(2)栽培要点

一是栽培方式。早春茬栽培，11月上旬至12月上旬育苗，翌年1月下旬至2月上旬定植。高垄定植，行距70～80厘米，株距45～50厘米，每667平方米栽2000株左右。

二是环境调控。植后5～7天一般不通风，白天气温控制在25℃～30℃，夜间16℃～20℃，以利于缓苗。开花结果期白天控制在22℃～26℃，夜间10℃～15℃。

三是肥水管理。定植前适量施用基肥，每667平方米施腐熟鸡粪3000～4000千克，磷酸二铵30～50千克，硫酸钾40千克。快圆茄生长期长，枝叶繁茂，需肥多，耐肥性强，但追肥要根据各生育阶段的特点进行。缓苗后至开花前，主要是促进植株健壮生长，为开花结果打好基础，定植后4～5天秧苗恢复生长时，可追施粪肥或化肥提苗。开花后至坐果前，应适当控制肥水供应，以利于开花坐果。根据植株生长情况，如基肥充足，植株生长良好，可不施肥；如基肥少，植株生长较差，可追1次稀释的人、畜粪。门茄坐果后至第三层果实采收前，此期开始采收果实，植株除继续生长枝叶和不断开花结果，应及时供给肥水，应每隔 5～7 天浇 1 次水，每 667 平方米随水冲施尿素 20 千克。第三层果实采收后为盛果期，除注意供水外，一般应每采收 1 次追肥 1 次。

四是植株调整。要抓好两项工作：①整枝。一般采用双干整枝，即在门茄下留 1 个枝杈，将其他枝叶全部打掉，以后放任其生长。植株封垄以后，为增加群体通风、透光程度，减少落花和下部老叶对营养物质的消耗，促进果实着色，应将基部衰老叶片及病叶摘除。②保花保果。保护地栽培需要用生长调节剂进行处理，以确保其坐果。一般用 30～40 毫克/千克 2,4-D 涂抹或蘸花。具体使用浓度主要取决于当时的气温，温度越低使用浓度越高，温度越高使用浓度越低。

65. 爱丽舍有什么特点？其栽培技术要点是什么？

(1) 特征特性　从荷兰瑞克斯旺公司引进。属长茄类型。植株生长旺盛，开展度大，花萼小，叶片中等大小，无刺，早熟，丰产性好，生长速度快，采收期长。果实长形，平均果长 35～40 厘米，直径 5～7 厘米，单果重 300～350 克，果实紫黑色，绿把，绿萼，质地光滑油亮，比重大，味道鲜美。货架期长，商业价值高。每 667 平方米产 18 000 千克以上。适应于冬季温室和早春保护地种植。

(2) 栽培要点

一是栽培方式。早春茬栽培，11 月中旬至 12 月中旬育苗，翌年 1 月下旬至 2 月下旬定植。秋延迟栽培，5 月下旬至 6 月下旬育苗，8 月上中旬定植。越冬茬栽培，8 月上旬至 9 月上旬育苗，10 月上旬至下旬定植。双行定植，行距 60～70 厘米，株距 45～50 厘米，每 667 平方米栽植 1 800～2 100 株。

二是环境调控。主要抓好以下4项工作:①温度。定植初期密闭保温,白天棚温保持在28℃～30℃,夜间17℃～20℃,地温不低于20℃,以促进缓苗;缓苗后,适当降低棚温,白天保持在24℃～27℃,夜间13℃～18℃;开花结果期白天保持在22℃～26℃,夜间10℃～15℃。②光照。根据天气情况,及时揭盖草苫等不透明覆盖物,尽量延长光照时间。注意清洁棚膜,保持较高的透光率。阴雪天气也要适当揭苫,让植株见散射光。③湿度。空气相对湿度为50%～65%,土壤湿度70%～80%。冬季栽培忌大水漫灌,宜小水勤浇。冬季和春季为降低湿度,一般采取两次通风:第一次,日出后棚温升高到22℃～25℃,在10～11时开顶风口10～15厘米宽,待20～30分钟后关闭;第二次,棚温再次升高到25℃时,在12～13时开顶风口15～20厘米宽,1～2小时后关闭。④施二氧化碳肥。冬、春季节,棚温偏低,通风少,若有机肥施用不足,棚内会发生二氧化碳亏缺。为此,应在晴天9～11时施二氧化碳肥,其适宜浓度为600～800毫克/千克。具体使用方法请参阅第38问。

三是肥水管理。定植前适量施用基肥,每667平方米施腐熟鸡粪4 000～5 000千克,磷酸二铵30～50千克,硫酸钾40千克。结果前需水肥少,结果后需水肥多,当门茄(第一朵花所结的果)开花时,适当控水蹲苗,促使根系向纵深发展,还应进行中耕,耕深7～10厘米,保持土面疏松,隔10天后再进行第二次中耕。门茄"瞪眼"期结束蹲苗,及时浇水,随水追肥,每667平方米追施人粪尿500～1 000倍液。此后每5～7天视天气和植株生长情况浇清水和稀薄人粪尿。

四是植株调整。主要抓好3项工作:①吊架。及时吊线或插架,上吊下架。②整枝。进入结果期后,植株生长很快,要及时除去门茄以下的侧枝，并对上部进行植株调整。其具体做法是：门茄采收后留2个对茄坐果，待对茄采收后留2个四门斗，其余弱枝全部打掉，以后继续采取双干整枝。同时打掉基部老叶，以增强通风、透光。③保花保果。保护地栽培需要用生长调节剂进行处理，以确保其坐果。一般用30～40毫克/千克2,4-D涂抹或蘸花。具体使用浓度主要取决于当时的气温，气温越低使用浓度越高，气温越高使用浓度越低。

66. 西安绿茄有什么特点？其栽培技术要点是什么？

(1)**特征特性**　属早熟种。株高60～67厘米，具6～7叶时结第一个果。单果重250～300克。果实卵圆形，浅绿色，肉质疏松，品质上乘。每667平方米产量3 500～4 000千克。适于日光温室越冬栽培和春露地及春覆盖栽培。

(2)**栽培要点**

一是栽培方式。进行越冬茬栽培，8月上旬播种育苗，10月上中旬定植，11月中旬开始采收。宽窄行定植，宽行70厘米，窄行50厘米，株距45厘米，每667平方米定植2 500株左右。

二是环境调控。定植后注意保温保湿，以促进缓苗。白天温度保持在25℃～30℃，夜温18℃。缓苗后白天温度保持在28℃～30℃，夜温15℃以上。严冬季节，白天温度保持在30℃～32℃，中午小量通风，垄间深翻覆草，提高地温，降低湿度。气温回升后，白天控制在28℃～32℃，前半夜18℃～24℃，后半夜15℃～18℃。若棚内湿度过大，可采用"两段通风"方法通风，即早晨揭苫后行小通风换气，关闭风口至棚温上升至30℃～32℃时再通风，排湿效果较好。随着气温不断升高，逐渐加大通风量，延长通风时间。选用聚乙烯高保温无滴膜，经常保持膜面干净，尽量早揭晚盖蒲苫，以延长日照时间。

三是肥水管理。定植前每667平方米施有机肥5 000千克，磷肥25～35千克。当门茄达到“瞪眼”期时，果实开始迅速生长，此时进行第一次追肥，每667平方米施纯氮4～5千克(尿素9～11千克或硫酸铵20～25千克)。当对茄膨大时，进行第二次追肥；四母斗开始发育时，是茄子需肥高峰，应进行第三次追肥。这三次的追肥量相同，以后的追肥量可减半。

四是植株调整。采用双干整枝，植株封垄以后，可将基部衰老叶片及病叶分次摘除。为防止落花，可在开花当天上午用20～30毫克/千克的2,4-D水溶液喷花，防止药液洒到嫩叶或嫩芽上。

67. 农友长茄有什么特点？其栽培技术要点是什么？

(1)特征特性 该品种从台湾省农友种苗有限公司引进。生长强健旺盛，抗青枯病，耐热、耐湿。中早生，适应性广，生长势强，宜疏植；花穗多花性，结果力特强，持续采收期长。果实细长，皮紫色，肉白色，种子发育慢，皮薄肉细，品质柔软、细嫩，产量高。适宜越夏延秋栽培。

(2)栽培要点

一是栽培方式。越夏延秋栽培，4月上旬至5月上旬育苗，6月上旬至下旬定植，7月中下旬收获，一直延迟到11月份拉秧。每667平方米栽1 900～2 200株，双行定植，行距60～65厘米，株距45～50厘米。

二是环境调控。缓苗期间，室内温度达不到35℃时不必通风，超过35℃时开始通风，降到25℃时闭风。白天温度保持在25℃～30℃，夜间15℃～18℃，不得低于10℃，地温应保持 15℃以上。寒冷季节不低于 13℃。

三是肥水管理。定植前适量施用基肥，每 667 平方米施腐熟鸡粪 4 000～4 500 千克，磷酸二铵 30～50 千克，硫酸钾 20 千克。在施足基肥的情况下，定植后到门茄"瞪眼"前不需追肥，门茄"瞪眼"后开始追肥浇水，每 10～15 天浇 1 次，每 667 平方米每次随水冲施复合肥(15-15-15)10～15 千克和尿素 5 千克。

四是植株调整，主要抓好以下 3 项工作：①吊秧。定植半个月后用尼龙绳吊秧。②整枝。多采用双干整枝法整枝，即对茄以上留 2 个枝干，每个枝留 1 个茄子，每层果留 2 个茄子。当外界气温升高实行昼夜通风后，可以留 3 个枝干，留 3 个或 5 个茄子，在顶茄上留 2～3 片叶打尖。所留的 3 个茄子是指 1 个门茄、2 个对茄；5 个茄子是指 1 个门茄、2 个对茄、2 个四母斗茄。同时打掉基部老叶，以增强通风透光。③保花保果。为了提高结果率和产量，防止低温或高温引起的落花和产生畸形果，在开花后 2 天内用毛笔将 30 毫克/千克的 2,4-D溶液涂在花柄上，溶液中加入 0.1%的速克灵，并加红墨水做标记。

68. 大龙长茄有什么特点？其栽培技术要点是什么？

(1)特征特性 属早生、丰产的夏秋品种。果长 35～40 厘米，果色浓黑紫，有光泽，在高温、干旱条件下不易褪色。肉质细密，品质佳，僵果少，商品率高。生长势及耐热性强，容易栽培。

(2)栽培要点

一是栽培方式。越夏延秋茬栽培，2 月上旬至 3 月中旬育苗，4 月下旬至 5 月下旬定植。秋延迟栽培，6 月上旬至 7

月上旬育苗，8 月上旬至下旬定植。双行定植，行距 60～65 厘米，株距 55 厘米，每 667 平方米栽 1 800～2 200 株。

二是环境调控。缓苗期温度白天应保持 30℃左右。缓苗以后到结果前，白天适温为 22℃～25℃，夜间为 13℃～15℃。进入结果期，白天适温为 22℃～26℃，夜间为 10℃～15℃。整个生长发育期间比较适宜的地温是 15℃～20℃，尽量不低于 15℃。棚膜上通过覆盖遮阳网进行环境调控。

三是肥水管理。定植前适量施用基肥，每 667 平方米施腐熟鸡粪 3 000～4 000 千克，磷酸二铵 40～50 千克，硫酸钾 40 千克。要注意前控中促后攻。定植至缓苗期，不干不浇水，可用 0.2%的尿素和 0.2%的磷酸二氢钾混合液进行叶面喷肥，以促进早缓苗。缓苗至门茄果实膨大时，追施 1～2 次稀粪水提苗；对茄长到如核桃大小后，注意重追肥，重浇膨果水，每隔 10 天每 667 平方米追施尿素和硫酸钾各 10～15 千克。门茄果实从发紫红至采摘期，每隔 7 天浇 1 次水，同时叶面喷施 0.2%的尿素和 0.3%的磷酸二氢钾混合液。

四是植株调整。主要抓好 3 项工作：①吊秧。定植半个月后用尼龙绳吊秧。②整枝。第一花下侧枝仅保留最上部 1 个作为第二主枝，其他均应及早摘除，主枝长到 1.6 米左右时摘心。主枝上的侧枝花前留 1 片叶打顶，并只保留其第二或第三个腋芽发生二级侧枝，二级侧枝同样只保留 1 个花打顶，每个侧枝采收 2 个果。侧枝在果实采收后及时摘除。③保花保果。保护地内栽培需要进行生长调节剂处理，以确保坐果。一般的生长调节剂有 2,4-D、萘乙酸等，可用其涂抹或蘸花。萘乙酸的使用浓度为 10 毫克/千克，2,4-D 为 30～40 毫克/千克。

69. 目前适宜于保护地栽培的袖珍茄子品种有哪些？其栽培技术要点是什么？

(1)主要品种 ①羽黑一口丸茄子。叶片较小，茎中高，节间短，枝条开张。果实长椭圆形，表皮浓紫黑色。单果重10克左右。该种极早熟，开花后10天即可收获。②山紫长茄子。株型半直立，侧枝多，叶片较大，节间短。果实细长，长15～16厘米，单果重50～55克。③新娘。植株长势强健，株型较矮，中等开张，茎青色。花淡紫色，早期结果多，结果时间长。果实中长形端直，长为18～22厘米，直径3～3.5厘米。单果重约90克。果皮底白色，有浅红色的细致美丽纵条纹，果萼绿色，肉纯白色，品质细嫩。该种早熟，抗青枯病。④小丸茄子。该系列的品种果实单个重均在50克以下。表皮有紫黑、白、紫红、绿、大红等颜色。果实为圆球形或卵形。⑤蓓蕾。从法国威迈种子公司引进。为杂交一代绿萼紫茄，迷你型茄子品种。植株长势较强，单果重50克左右，果紫黑而有光泽。适合日光温室越冬或早春栽培。

(2)栽培要点

一是栽培方式。早春茬栽培，11月上旬至12月中旬育苗，翌年1月下旬至2月下旬定植。秋冬连春栽培，7月上旬至8月上旬育苗，8月下旬至9月上旬定植，11月开始收获，采收期可延长到翌年5月份。采用高垄栽培，垄高15厘米，垄宽30～40厘米，株距50厘米，行距80～90厘米，每667平方米定植1 600株左右。采取地膜覆盖。

二是环境调控。播种时土温要达到25℃～28℃。出苗后白天温度保持在25℃～30℃，夜间16℃～20℃。分苗前白天保持20℃～25℃，夜间14℃～18℃。定植后要保持较高的温、湿度，以促进缓苗。严冬季节，白天尽量保持 25℃～30℃，夜间 15℃～20℃，清晨最低在 12℃以上。立春后勿超过 30℃，注意通风调温防热。可采取挂反光幕及其他管理措施，改善光照条件。

三是肥水管理。需施足基肥。一般 667 平方米施优质有机肥 5 000 千克以上，磷酸二铵 30 千克，硫酸钾 20 千克。缓苗后，追施 1 次促秧肥，每 667 平方米施腐熟清粪水 1 000～1 500 千克。当门茄径粗长至 3 厘米时，每 667 平方米追施尿素 20 千克，以后随着植株的生长和气温的升高，一般隔 15 天左右追肥 1 次，视植株情况每 667 平方米施用尿素 15～20 千克。茄子的叶面积大，水分蒸腾较多，一般要保持 80％的土壤湿度。当果实开始发育，露出萼片时，需灌水，以促进幼果生长。果实生长阶段是需水最多的时期，这时肥水充足，可使果实鲜嫩有光泽。每层果实的发育始期、中期、后期，都要及时灌水，以保证供果实生长需要，一般每 7 天灌 1 次水。

四是植株调整。门茄坐住后，用吊绳吊秧。采用双干整枝方式，仅保留门茄下面的第一侧枝，其余侧枝全部摘除。及时打掉黄老病叶。复花序适当疏花。对老株可从基部更新，加强管理，培养新枝，重结好果。花期可采用 50～60 毫克/千克的防落素溶液喷花，防止落花。

四、日光温室茄子的病虫害防治

70. 茄子苗期有哪几种主要病害？如何识别与防治？

茄子苗期易发生猝倒病、立枯病、褐纹病和绵疫病等四种病害。

(1) **茄子猝倒病**　茄子幼苗期容易发生猝倒病。幼苗感染猝倒病后，下胚轴会出现水浸状病斑，当病斑扩大到基部时，幼苗基部缩小，输导组织被破坏，导致幼苗倒伏。连续阴天后突然转晴，由于幼苗生长弱，抗病力差，容易发生成片幼苗感病倒伏死亡现象。在病苗及其附近床面上常出现白色棉絮状菌丝，这种病原属于真菌中的一种腐霉菌，腐生性强，在土壤中能够长期存活。高湿是病菌繁殖的有利条件，病菌在保护地中主要靠浇水传播。

茄子猝倒病的防治方法：①采用快速育苗或无土育苗法，加强苗床管理，看苗适时适量通风，防止出现低温高湿条件。不要在阴雨天浇水。②苗期喷施 0.1%～0.2%磷酸二氢钾、0.05%～0.1%氯化钙等提高抗病力。③药剂防治。每平方米苗床可选用 70%多菌灵 9～10 克，加细土 4～4.5 千克拌匀，播前一次性浇透底水，待水渗下后，取 1/3 药土撒在畦面上，把催好芽的种子播上，再把余下的 2/3 药土覆盖在上面，使种子夹在药土中间，防病效果达 90%以上，残效期为 1 个多月。也可在发病前或发病初期用 72.2%普力克水剂 400 倍液喷淋，每平方米喷淋对好的药液 2～3 升。此外，也可在整畦后每 667 平方米用 35%威百亩水剂 10～20 千克对水 800～1 000 升，在播种前 15 天，在苗床开深 15～25 厘米、宽

25～30 厘米的沟，将稀释的药液均匀浅施于沟内，随即盖土踏实，15 天后翻耕透气再播种。④未进行苗床土壤处理而出苗后发病的，可喷 75％百菌清可湿性粉剂 600 倍液，或 64％杀毒矾可湿性粉剂 500 倍液，每隔 7～10 天喷 1 次，视病情防治 1～2 次。

(2)**茄子立枯病** 刚出土幼苗及大苗均可发病。病苗茎基变褐后病部收缩细缢，茎叶萎垂枯死；稍大幼苗白天萎蔫，夜间恢复，当病斑绕茎 1 周时，幼苗逐渐枯死，但不呈猝倒状。病部初生椭圆形暗褐色斑，具同心轮纹及淡褐色蛛丝状霉，这是本病与猝倒病区别的重要特征。

立枯病传播途径和发病条件是：以菌丝体或菌核在土中越冬，且可在土中腐生 2～3 年。菌丝能直接侵入寄主，通过水流、农具传播。病菌发育适温为 24℃，最高 40℃～42℃，最低 13℃～15℃，适宜 pH 3～9.5。播种过密、间苗不及时、温度过高等易诱发本病。

立枯病的防治方法：①加强苗床管理，注意提高地温，科学通风，防止苗床或育苗盘高温高湿。②苗期喷洒植宝素 7 500～9 000 倍液，或 0.1％～0.2％磷酸二氢钾，以增强抗病力。③用相当于种子重量 0.2％的 40％拌种双拌种。④苗床或育苗盘药土处理。可单用 40％拌种双粉剂，也可每平方米苗床施 1∶1 的多菌灵与福美双混合剂 8 克。也可采用斯美地覆膜法，即整畦后每隔 30 厘米把 32.7％斯美地水剂 1～3 毫升施在 10～15 厘米深处，边施边盖土，全部施完后用地膜覆盖 10 天，之后撤膜将土壤表层锄松，使残留药气挥发5～7 天后播种。⑤发病初期喷淋 20％甲基立枯磷乳油(利克菌) 1 200倍液，或 36％甲基硫菌灵悬浮剂 500 倍液。猝倒病、立枯病混合发生时，可用 72.2％普力克水剂 800 倍液加 50％福美双可湿性粉剂800倍液喷淋，每平方米喷2～3升。视病情隔7～10天喷1次，连续防治2～3次。

(3)**茄子褐纹病** 症状识别、发病规律和防治方法详见第72问。

(4)**茄子绵疫病** 症状识别、发病条件和防治方法详见第77问。

71. 如何识别和防治茄子黄萎病和枯萎病？

茄子黄萎病、枯萎病是茄子的主要病害之一。随着近年来保护地的不断增加，有加重发病的趋势。茄子黄萎病不仅危害茄科蔬菜，还危害葫芦科、十字花科等多种蔬菜。

(1)**症状的识别** 茄子黄萎病的苗期发病少，成株多在坐果后开始出现症状，以结果初期发病最盛。多由植株下、中部开始出现症状，而后向上或从一边向全株发展。叶片首先在叶缘及叶脉间由褐绿变黄，最后发展至半边叶片或整片叶片变黄。早期病叶晴天高温时呈萎蔫状，早晚尚可恢复，后期病叶由黄变褐，最后干枯脱落。劈开病根、茎、分枝及叶柄等部位，可见其维管束变黑褐色。茄子枯萎病多发生在成株期，在温度达25℃～28℃的潮湿土壤中极易于发病，病株叶片自下而上逐渐变黄枯萎，病症多表现在一、二层分枝上，有时同一叶片仅半边变黄，另一半健全如常。病情严重时，整株叶片枯黄，横切病茎、病部维管束呈黑褐色。

(2)**防治措施** ①农业防治。一是培育无病壮苗。苗床换新土或用绿亨1号1000倍液或0.20%福美双拌种。二是加强田间管理。适时精细定植茄苗，定植时在定植穴中施药，前期控制浇水，加强中耕。高畦铺地膜，提高低温和土壤通透性。基肥施足有机肥，苗期施足磷肥，结果期增施钾肥和氮肥，茄子采摘后及时追肥及叶面喷肥。②药剂防治。发病初期及时用绿亨1号3 000倍液灌根，每株灌100毫升，用绿亨2号600～800倍液做叶面喷施或用绿亨7号（77%氢氧化铜可湿性粉剂）600～800倍液做叶面肥喷施，每7～10天喷1次，连喷2～3次。染病严重的植株要拔除。③嫁接防病。用托鲁巴姆、毛粉802等材料做砧木，防病效果好。具体嫁接方法可参阅第8、9、10、11、12、13问。

72. 如何识别和防治茄子褐纹病?

茄子褐纹病是茄子的重要病害，发病后若防治不力可造成很大的损失。苗期发病造成缺株，结果期发病引起果腐。

(1)发病症状 从苗期到果实成熟期均可受害。幼苗感病后，多在近地面茎基部产生褐色到黑色棱形或椭圆形病斑，稍凹陷收缩，当病斑环绕茎周时，病部缢缩，幼苗猝倒死亡，大苗则形成立枯。成株期感病，叶片形成白色小斑点，以后逐渐扩大为不规则病斑，边缘深褐色，中间浅黄色，其上着生许多小黑点，呈轮纹状排列或散生。茎部受感染出现溃疡病斑，病斑边缘深褐色，中央灰白色，上面密生小黑点，以后病部凹陷，干腐，皮层脱落，木质部外露，易被风吹折断而枯死。茄子果实感病，最初在表面形成褐色病斑，呈圆形或椭圆形，稍凹陷，后扩大到全果；病部由小黑点组成明显的轮纹，病果最后软腐脱落，或干腐而成为僵果。

(2)发病规律 茄子褐纹病属真菌性病害，病菌以分生孢子器附在种子表面，或以菌丝体潜伏于种皮内，或随病株残体在土壤中越冬。种子带菌常引起幼苗猝倒和立枯，土壤带菌常引起茎基部溃疡，所产生的分生孢子进一步侵染叶、茎和果实。由风雨或昆虫传播扩散，经伤口和表皮直接侵入。

病菌发育最适温度为28℃～30℃，相对湿度为80%以上。一般高温高湿，结露多雨，有利于病害的发生和流行。连作地、密度过大、氮肥过多或脱肥等，易使植株长势变弱。或因地势低洼而排水不良、夏季多雨等，均可引起发病或加重危害。

（3）防治方法 ①进行种子消毒。用55℃的温水浸种15分钟或用50℃的温水浸种30分钟，或用福尔马林300倍液浸种15分钟，再用清水洗净后晾干播种。②苗床药剂消毒。宜选择在新苗床育苗，棚室床土可进行客土更换，并进行土壤消毒处理。每平方米用50%多菌灵可湿性粉剂10克与干细土20千克均匀拌和，播种时用一半药土铺底，一半药土盖种。③加强栽培管理。精心管理苗床，培育壮苗用于移栽以提高其抗病能力；实行起垄栽培，施足基肥。氮、磷、钾配合施用；雨季及时清沟排水，防止田间积水，生育中后期实行小水勤灌，降低湿度；及时清除病叶、病果，防止再度侵染。④实施药剂防治。幼苗期喷药保护，发病初期喷药控制。一般7天左右喷1次，连喷2～3次。选用70%代森锰锌可湿性粉剂或50%克菌丹可湿性粉剂、65%代森锌可湿性粉剂500倍液，或75%百菌清可湿性粉剂600倍液喷雾。此外，在定植后于茎基部周围地面撒一层草木灰，可减轻基部感染发病。

73. 如何识别和防治茄子灰霉病？

（1）茄子灰霉病症状 茄子苗期、成株期均可发生灰霉病。幼苗染病，子叶先端枯死，后扩展到幼茎，幼茎缢缩变细，常自病部折断枯死，真叶染病出现半圆至近圆形淡褐色轮纹斑，后期叶片或茎部均可长出灰霉，致病部腐烂。成株染病，叶缘处先形成水浸状大斑，后变褐色，形成椭圆形或近圆形的浅黄色轮纹斑，直径 5～10 毫米，密布灰色霉层，严重时大斑连片，导致整叶干枯。茎秆、叶柄染病也可产生褐色病斑，湿度大时长出灰霉。果实染病，幼果果蒂周围局部先产生水浸状褐色病斑，扩大后呈暗褐色，凹陷腐烂，表面产生不规则的轮状灰色霉状物，失去食用价值。

(2) **传播途径和发病条件** 以分生孢子在病残体上或以菌核在地表及土壤中越冬，成为翌年的初侵染源。温室靠分生孢子飞散进行传播蔓延，开花后侵染花瓣，再侵入果实引起发病。病菌发育适温为 20℃，分生孢子及菌核形成适温为 15℃～20℃，7℃～8℃也可产出分生孢子。湿度对此病流行的影响较温度大，棚内低温高湿、通风不良发病重。

(3) **防治方法** ①采用生态防治，及时通风降湿，使温室远离发病条件。②生育期每半个月施用 1 次 10%速克灵烟剂，每 667 平方米每次施 250 克，或施用 5%百菌清粉尘剂，每 667 平方米施 1 千克。③发病初期喷洒 50%速克灵可湿性粉剂 1 500～2 000 倍液，或 36%甲基硫菌灵悬浮剂 500 倍液。④茄子蘸花时，也可在生长激素中加入 0.1%的 50%速克灵可湿性粉剂。

74. 如何识别和防治茄子菌核病?

(1) **茄子菌核病症状** 整个生育期均可发病。苗期发病始于茎基，病部初呈浅褐色水渍状；湿度大时，长出白色棉絮状菌丝，呈软腐状，无臭味，干燥后呈灰白色，菌丝集结为菌核，病部缢缩，茄苗枯死。成株期各部位均可发病，先从主茎基部或侧枝 5～20 厘米处开始，初呈淡褐色水渍状病斑，稍凹陷，渐变灰白色，湿度大时也长出白色絮状菌丝，皮层霉烂，在病茎表面及髓部形成黑色菌核，干燥后髓空，病部表皮易破裂；纤维呈麻状外露，导致植株枯死；叶片受害后先呈水浸状，后变为褐色圆斑，有时具轮纹状，病部长出白色菌丝，干燥后斑面易破；花蕾及花受害，现水渍状湿腐，终致脱落；果柄受害致果实脱落；果实受害端部或向阳面初现水渍状斑，后变褐腐，稍凹陷，斑面长出白色菌丝体，后形成菌核。

(2)传播途径和发病条件 主要以菌核在田间或塑料棚土壤内越冬。翌年春茄子定植后菌核萌发，抽出子囊盘即散发子囊孢子，随气流传到寄主上，由伤口或自然孔口侵入。据有关报道，子囊孢子不能侵害健壮植株，但大多数子囊孢子的芽管可穿过失去膨压的表皮细胞间隙，直接侵入寄主体内，即为该病的初侵。在棚内，病株与健株或病枝与健枝接触，或病花、病果软腐后落在健部均可导致发病，成为再侵染的一个途径。该菌孢子萌发最适温度为 16℃～20℃，最适空气相对湿度为 95%～100%。在棚内低温、高湿条件下发病重，早春有 3 天以上连阴雨或低温侵袭病情加重。

(3)防治方法 ①覆盖地膜以阻止子囊盘出土，减少菌源。②用药剂处理土壤。每 667 平方米用 50%多菌灵可湿性粉剂 4～5 千克与适量干土充分混匀撒于畦面，再耙入土中，可减少初侵染源。③注意通风以降低棚内湿度。遇寒流侵袭时，要注意加温防寒，防止植株受冻而诱发染病。④发现病株及时拔除，带到棚外销毁。⑤药剂防治。田间始见子囊盘或发现中心病株后，选用 50%混杀硫悬浮剂 500 倍液、36%甲基硫菌灵悬浮剂 500 倍液、50%速克灵可湿性粉剂 1 500倍液喷洒，轮换或交替使用，隔 10～15 天喷 1 次，连续防治 3～4 次。喷药时注意同时封杀地面。此外，也可采用烟雾法或粉尘法防治。

75. 如何识别和防治茄子病毒病?

(1)**茄子病毒病症状**　该病常见有3种症状:①花叶型。整株发病,叶片黄绿相间,形成斑驳花叶,老叶产生圆形或不规则形暗绿色斑纹,心叶稍显黄色。②坏死斑点型。病株上位叶片出现局部侵染性紫褐色坏死斑,大小0.5~1毫米,有时呈轮点状坏死斑,叶面皱缩,呈高低不平萎缩状。③大型轮点型。叶片产生由黄色小点组成的轮状斑点,有时轮点也坏死。

(2)**病原**　主要有烟草花叶病毒(TMV)、黄瓜花叶病毒(CMV)、蚕豆萎蔫病毒(BBWV)、马铃薯X病毒(PVX)等。TMV、CMV主要引起花叶型症状,BBWV引起轮点状坏死,PVX引起大型轮点。

(3)**传播途径和发病条件**　主要靠蚜虫和汁液摩擦传毒。高温干旱、管理粗放、田边杂草多,蚜虫发生量大,发病重。

(4)**病毒病与茶黄螨、激素药害的区别**　①病毒病,花叶植株矮化不明显,上部叶片出现褪绿角斑与圆斑,因病斑扩展受叶脉限制多呈三角形,最后变为褐色。叶片上出现深绿和浅绿相间的块状斑或线纹。蕨叶生长点或腋叶都发展成细长小叶,小叶后来变细甚至没有叶肉,仅留叶脉,最后呈螺旋形下卷,俗称“鸡爪叶”。条斑植株中下部叶片和果实上有灰白色、淡黄色坏死斑驳或不规则的条斑及条纹。②茶黄螨因其虫体很小,其为害症状常被误认为是病毒病和激素药害。茶黄螨吸取叶液以后,叶片变硬、变脆,叶肉增厚,嫩梢扭曲畸形,而叶背呈现油质光泽或油浸状,变黄褐色或灰褐色。③激素药害是在使用激素过量后,生长点叶片向下卷曲,细长,叶缘扭曲畸形,但激素药害的叶背无油渍状,也不变黄褐色,叶片僵硬、增厚不明显，且一般是大面积同时发生。

(5)防治方法 ①选用耐病毒病的茄子品种。②用10%磷酸三钠溶液浸种20～30分钟。③早期防蚜避蚜，减少传毒介体。温室内悬挂银灰膜条，或畦面铺盖灰色尼龙纱避蚜。④及时防治截形叶螨。⑤加强肥水管理，铲除田间杂草，提高寄主抗病力。⑥喷洒20%病毒A可湿性粉剂500倍液，或83增抗剂100倍液，或抗毒剂1号水剂300倍液，或蜜肽霉素400倍液，隔10天左右喷1次，连续喷2～3次。

76. 如何识别和防治茄子叶霉病?

茄子叶霉病也叫茄子绒菌斑病，在我国北方地区呈现加重的趋势，甚至成为某些地区的主要病害，造成重大损失，减产达30%～40%，应引起广大菜农的重视。

(1)茄子叶霉病病症 茄子叶霉病的症状与番茄叶霉病比较相似，该病菌主要危害叶片。发病初期，叶背发生白色霉斑，随着霉斑的扩大，色渐深，先为褐色，后变为棕黑色、黑色，霉层有聚集的情况，叶边缘变黄。叶正面出现边缘不明显的黄色病斑，病斑大小不等，直径3～10毫米，不规则形至近圆形。严重时在叶正面也会生霉层。后期病斑处枯死，发生严重时，叶片干枯。该病由褐孢霉引起，病原属于半知菌亚门丛梗孢目真菌。

(2)田间发生规律 茄子叶霉病多发生在春茬保护地种植的中后期。由于气温升高，浇水过多，棚内湿度过大，管理粗放，导致发病严重。该病可持续至7月上旬酷暑来临前，同时连续阴雨天气，保护地内光线过弱，有利于该病的扩展和危害。

(3)防治 ①播前用温汤浸种，浸种时使用恒定55℃的温水浸泡30分钟。②实行轮作倒茬,轮换的间隔期以3年以上为好。③加强栽培管理。在病区定植茄子时注意适当稀植,避免施用过量的氮肥,适时通风,适当控水,水后提温时,注意通风排湿。在结果后要及时整枝打杈,增加株间的通透性。④清洁棚室。发病的棚室,收获后集中烧毁病株。夏季可采用太阳能高温消毒的方法,密闭温室数日,可杀死残存的病菌。⑤如连作,定植前每55立方米空间用硫黄130克加锯末250克混匀后加煤球点燃熏棚。一般在傍晚进行,熏1个晚上即可(注意当时棚内不能有正在生长的蔬菜)。⑥药剂防治。喷药时期一般在发病初期,可用47%加瑞农可湿性粉剂600倍液或65%万霉灵1 000倍液喷雾。也可每667平方米用45%百菌清烟剂250克熏烟,每5～6天用药一次。还可用47%加瑞农可湿性粉剂500倍液,或1∶1的甲基托布津与扑海因500倍液喷雾。如发现病害较晚,可先进行高温闷棚再进行药剂防治,闷棚的温度为44℃～46℃,保持1～2小时,效果更好。喷药及浇水应安排在晴天的上午,下午注意通风排湿。一般用药3～4次即可取得良好的防治效果。

77. 如何识别和防治茄子绵疫病?

茄子绵疫病俗称烂果、水烂,是茄子重要病害之一。该病在各地普遍发生。茄子各生育期均可受害。一般损失20%～30%,严重时损失50%以上。茄子结果盛期也是发病盛期,多雨地区和年份常暴发成灾,造成毁灭性损失。

(1)**茄子绵疫病症状**　主要危害果实,近地面果实先发病,初为水渍状圆斑,后扩大至整个果实。病斑稍凹陷,黄褐色或暗褐色,果肉黑褐色,腐烂,易脱落。湿度大时,病部表面长出茂密的白色棉絮状菌丝,病果易落蒂,或收缩而成僵果。

该病也可危害叶、茎、花，嫩茎染病，形成水渍状、暗绿色或紫褐色病斑，缢缩或折断。如湿度大时，生稀疏白霉，其上部叶片萎垂。叶受害后产生不规则或近圆形水渍状褐色病斑，有明显轮纹。潮湿时，病斑上生稀疏白霉。幼苗被害，胚茎基部呈水渍状坏死，引起猝倒。

(2)**发病条件** 茄子绵疫病属于真菌病害。病菌卵孢子在土壤中或病残体上越冬，第二年靠风吹、雨溅先侵染靠近地面的果实和茎叶，病斑上产生的孢子囊又通过风、雨、灌溉等传播。高温高湿、雨后暴晴天气、植株密度过大、通风透光差、地势低洼、土壤黏重的地块等，易发病。

(3)**防治方法** ①地膜覆盖。采用黑色地膜覆盖地面或铺于行间，能够阻断土壤中病菌孢子对茄果的飞溅传播，具有较好的防病效果。还可借助日光进行高温灭菌及防止杂草生长，减轻该病危害。②科学管理肥水。施足腐熟农家肥，增施磷、钾肥，适时追肥，小水细灌不积水，中午暴雨后要立即浇清水，以抵制病菌孢子的侵染，增强植株抗病力。③精细管理。适时整枝，打去下部老叶，改善田间通风透光条件。及时摘除病叶、病果，并将病残体带出田外，以防止再侵染。④药剂防治。茄子定植前用 50%克菌丹可湿性粉剂 500 倍液喷布苗床，带药定植缓苗后，用 70%代森锌可湿性粉剂 500 倍液喷洒保护。初始发病出现中心病株，应立即拔除销毁并喷药防治。在结果期要喷药保护，防止病害发生。有的农民结果后每隔 7 天喷 1 次 1∶1∶200 倍波尔多液进行防护，效果很好。一旦发病，必须立即施药，可选用的药剂有 75%百菌清 500～600 倍液，50%甲基托布津可湿性粉剂 800 倍液，40%乙磷铝可湿性粉剂 200 倍液，64%杀毒矾 500 倍液等，一般每隔 7～10 天喷 1 次，连喷 3～4 次。为防止形成抗药性，每次用药应采用不同种类的药剂。

78. 如何采用封锁法防治日光温室茄子由疫霉菌和腐霉菌引起的根腐病?

由茄子疫霉菌和腐霉菌引起的根腐病很难防治,而且传染性强,一旦发病很快在棚内扩展蔓延,有的甚至造成全棚茄子死亡。笔者曾用过多种杀菌药剂灌根治疗,其效果均不理想,而且费钱、费工。但最近我们在多处试验后发现,用封锁法防止该病在棚内的蔓延效果较好,并且成本低,用工少。

(1)诊断病害　初发病时有个别植株在白天中午萎蔫,夜间和早上恢复正常,经几天或十几天后不能恢复而死亡。有的人在发病初期将病棵拔出,发现根上无明显异常,有的误认为是青枯病。其实,这是在茄子主根底部的毛细根上感病后,病菌进入木质部危害向上输水的维管束,阻碍了地下水向上运输,造成上部叶片缺水而萎蔫。当你拔起病株后,底部毛细根断在地里,因此不易发现病症。在发病后期,当你拔起病株后,会发现有一个侧根得病后传到主茎根上,使主茎根上表皮呈水浸状,并向其他侧根蔓延,发展迅速。

(2)传播途径　该病借助浇水和毛细根的相互交叉及人为活动(如拔出的病株根部的土壤落在其他地方)而传播再侵染。

(3)封锁的方法　①备生石灰,实行南北向封锁。在发病棵两边大行走道的中间,南北向从棚的北边至南边,用直板铁锨垂直深插 25 厘米,再将铁锨推向一边,使地面裂开一条约宽 1 厘米的缝后在其中填满生石灰。形成一道深 25 厘米、宽 1 厘米而且没有缝隙的生石灰隔墙,再在隔墙之上的地平面上撒一条宽 10 厘米、厚 1 厘米的生石灰带。这样,在病棵的东西两侧形成了一道屏障,阻断了病菌向两边传播。为了保险，也可以在隔离墙的外面再打一道隔离墙，这样做并不是因为隔离墙的效果差，而是防止在打隔离墙前病菌早已传出（此时由于未造成发病，因而难以发现）。②东西向封锁。在发病棵南北两边也同样打两条隔离墙，使东西隔离墙和南北隔离墙连接，防止病菌南北向传播。该病南北向传播快于东西向传播，这是由于一是株距小，二是浇水为南北方向，因此病菌随水流传播。故此，要防止浇水时水流经过病棵时将病菌扩散，可对病棵改用水桶浇。③地面封锁。将病棵拔出后放在容器内带出棚外深埋，防止病棵上的土散落到棚内其他地方。然后在病株的地表1米见方内覆盖0.5厘米厚的生石灰。通过以上方法，基本上控制了该病菌的进一步扩散蔓延。该方法简便、易行，成本低，效果好，广大菜农均可采用。

79. 如何识别和判断茄子青枯病？生产上有哪些无公害防治措施？

(1)症状识别 茄子青枯病发病初期，仅在个别枝上有一张或几张叶色变淡，呈现局部萎垂，后扩展到整株，后期病叶变褐枯焦，病茎外部变化不明显，如剖开病茎基部，可见木质部变褐色。该病始于茎基部，以后延伸到枝条，枝条的髓部大多溃烂或中空，病茎横切面用手挤压，湿度大时有少量乳白色黏液溢出，这是该病重要的特征。

(2)判断方法 如果不能从症状上准确判断茄子是否患青枯病，可将茄子病茎切成3～5厘米长的小段放入清水瓶中，半小时后如发现清水变混浊，则证明茄子得了青枯病，否则，就没有患青枯病。

(3)发病原因 ①连作致病。栽培种类单一，长期连作，致使土壤中的病菌繁殖积累，数量增加，连作时间越长，发病率越高，病情越重。据调查，连作 3 年以上，茄子青枯病发病率达 20%以上。②种子带菌。带菌种子和带有病残体的有机肥是无病区的初侵染源，播种前种子、营养土等未进行处理，或消毒药剂不对路，均为病害的发生带来有利条件，病菌从幼苗的根部或茎基部皮孔和伤口侵入，在维管束内繁殖蔓延，引起萎蔫。③措施不当。采用平畦栽培，不利于田间积水的排除；灌溉采取大水漫灌或浇水次数偏多，导致土壤含水量高，湿度过大，透气性差，为病害的发生创造了条件。④盲目施肥。过多施用氮素化肥，忽视钾肥、微肥及优质农家肥的施用，造成植株徒长，土壤次生盐渍化，植株根系长期处于一个不良的土壤环境中，抗病能力下降，感病概率增加。

(4)**防治措施**　①合理轮作倒茬。避免与瓜类、茄果类蔬菜连作，可与十字花科的甘蓝、大白菜，百合科的大葱、大蒜等蔬菜实行 3 年以上的轮作。②培育无病壮苗。一是种子消毒。每 1 千克种子用绿亨 1 号 1～1.5 克与 50%福美双可湿性粉剂 3～4 克或绿亨 3 号 8～10 克拌种。拌种可干拌，也可湿拌，拌后随即播种，不要闷种。二是苗床土壤消毒。每平方米用绿亨 1 号 1 克对水 3000 倍，在播种前或播种后均匀喷洒于床内，或将上述用药量与过筛细土 15～20 千克拌匀，将1/3撒在苗床内，2/3 于播种后覆盖。三是营养钵育苗，减少移栽时易出现的伤根现象，防止病菌从伤口侵入，培育无病壮苗。③嫁接防病。用托鲁巴姆做砧木进行茄子嫁接栽培，其防治青枯病效果较好。具体嫁接方法可参阅第 8、9、10、11、12、13问。④用石灰氮进行土壤消毒。石灰氮是一种高效的土壤消毒剂，石灰氮分解的中间产物氰氨和双氰氨都具有消毒、灭虫防病的作用。可防治各种土传病害及地下害虫，特别是对真菌性和线虫病害如根结线虫、青枯病、枯萎病、根腐病等防治效果较好。利用石灰氮防治土传病害，较常规土壤杀菌剂防治具有无残留、不污染环境等优点，是溴甲烷等高毒、剧毒农药被禁用后进行土壤无害化处理、生产无公害蔬菜的一种安全有效的做法。其具体做法是：茄子定植前每 667 平方米耕层土壤中施入石灰氮 75～100 千克，麦秸 1 000～2 000千克或鸡粪 3 000～4 000 千克，做畦后灌水达到饱和程度，覆盖透明塑料薄膜，四周要盖紧、盖严，让薄膜与土壤之间保持一定的空间，以利于提高地温，增强杀菌灭虫效果。密闭温室或棚室闷棚 20～30 天后，可根据土壤湿度情况开棚通风，调节土壤湿度，疏松土壤即可栽培蔬菜。应用此法的最佳时间为夏季气温高、雨水少、温室棚室闲置时期，一般是 5 月下旬至 8 月下旬。⑤实行高垄栽培，坚持科学灌水。认真平整土地，采用深沟高垄栽培，既有利于排灌，又可以增强土壤的透气性。浇水时要采取小水浇灌或隔行浇，不能大水漫灌。⑥平衡施肥，加强田间管理。多施用经过充分腐熟的优质农家肥，适量增施磷、钾肥料，合理配施锌、硼等微量元素，控制氮肥用量，使植株稳健生长，提高自身的抗病力。在茄子生长期间，注意观察生长状况，发现病株及时拔除，集中销毁，并将病穴及周围植株进行灌药处理，防止土壤中的病菌蔓延危害。⑦药剂防治。发病前和发病初期及早施药防治。可选用 72%农用硫酸链霉素可溶性粉剂4 000倍液、77%可杀得可湿性微粒粉剂 500 倍液、50%琥胶肥酸铜（DT）可湿性粉剂 500 倍液或 14%络氨铜水剂 300 倍液，每株灌配好的药液 0.3～0.5 升，隔 10 天灌 1 次，共灌 3～4 次。

80. 如何识别日光温室茄子根结线虫病？生产上有哪些无公害防治措施？

(1)**症状识别**　茄子根结线虫病主要侵染茄子根部，尤其是支根受害较多。根上形成很多近球状瘤状物，似念珠状相互连接，初始表面白色，以后变褐色或黑色，地上部表现萎缩或黄化，天气干燥时易萎蔫或枯萎。其病原是爪哇根结线虫。线虫以成虫或卵在病组织里或以幼虫在土壤中越冬。病土和病肥是发病主要来源。该线虫发育适温为25℃～30℃，幼虫遇低温失去活动能力，48℃～60℃经5分钟致死。它在土中可存活1年，2年后即全部死亡。由于根部被破坏，影响正常的吸收机能，所以地上部生长发育受阻，轻者症状不明显，重者生长缓慢，植株比较矮小，生育不良，结果小而且少。在中午气温较高时，地上部植株呈萎蔫状态；早晚气温较低或浇水充足时，暂时萎蔫又可恢复正常。随着病情的发展，植株逐渐枯死。

(2)**发生特点**　茄子根结线虫病是由线形动物门根结线虫属线虫侵染引起的。线虫以卵在病株根内随同病株残根在土壤中越冬，或以2龄幼虫在土壤中越冬。翌年，在环境适宜时，越冬卵孵化为幼虫，而2龄幼虫继续发育。在田间主要依靠带虫土及病残体传入，靠农具携带传播，也可通过流水传播土中线虫，幼虫一般从嫩根部位侵入。侵入前，能做短距离移动，速度很慢，故此病不会在短期内大面积发生和流行。侵入后，能刺激根部细胞增生，形成根肿瘤。幼虫在肿瘤内发育至3龄，开始分化，4龄时性成熟，雌、雄虫体各异，雌、雄虫交尾产卵。雄虫交尾后进入土中死亡；卵在瘤内孵化，1龄幼虫出卵并进入土中，进行侵染和越冬。也有的以卵在病根和土壤中越冬。

(3)**发生程度与环境条件的关系** 地势高燥、疏松、透气的沙质土壤发病重;碱性或酸性土壤不利于发病;土壤潮湿、黏重时,发病轻或不发病。如果土壤墒情适中,通透性又好,线虫可以反复为害。

(4)**无公害防治方法**

一是无土育苗。采用无土育苗是避免根结线虫为害的一条重要措施。因为无土育苗可培育壮苗,避免早期受到根结线虫的为害;而移栽后,即使受到根结线虫的为害,对作物产量影响也不大。无土栽培在夏季育苗时,要及时补充水分,防止过干秧苗生长不良。在春季采用无土育苗的方法,其秧苗质量好于土壤育苗。对育苗基质要进行消毒。消毒的药剂有棉隆和威百亩。方法是将基质集中,将棉隆或威百亩与基质充分拌匀后,盖上塑料布熏蒸。

二是采用嫁接技术。含有 Mi 基因的野生茄子品种,对根结线虫具有优异的抗性。用这些品种做砧木进行嫁接栽培,能有效地防治根结线虫为害,且种植一茬后,可明显减轻下茬作物根结线虫的为害。砧木应选择生长势强,根系发达,对黄萎病、青枯病、枯萎病、根结线虫病 4 种土传病害达到高抗甚至免疫程度的品种,生产中表现比较好的有托鲁巴姆、CRP、水茄、温棚茄砧、超托鲁巴姆、托托斯加等品种。其中托鲁巴姆苗期茎粗壮,嫁接操作方便,成活率高,嫁接生产的茄子产量高、品质好,是一种较为理想的抗根结线虫砧木品种。利用托鲁巴姆进行茄子嫁接栽培是防治茄子根结线虫最有效最成功的方法。其具体嫁接方法参阅第 8、9、10、11、12、13 问。

三是石灰氮消毒。可参考第 79 问和第 81 问相关内容。

四是生物防治。定植前每平方米用1.8%阿维菌素乳油1毫升，稀释2 000～3 000倍后，用喷雾器喷雾，然后用钉耙混土。该法对根结线虫有良好的防治效果。对生长期发病的植株，可用1.8%阿维菌素乳油4 000～6 000倍液对茄子根部进行穴浇，每株浇100～200毫升。

五是化学防治。播种或定植前，进行土壤消毒，每667平方米撒施3%甲基异柳磷颗粒剂10～15千克。棚室茄子定植时，每667平方米穴施10%力满库颗粒剂5千克，或50%克线磷颗粒剂300～400克，或95%棉隆3～5千克，或用40%甲基异柳磷乳油2 000倍液灌根。利用化学药剂防治时，一定要注意农药的安全间隔期。

81. 如何利用高温闷棚克服日光温室连作障碍？

近年来，日光温室连作障碍日趋严重，已成为限制日光温室稳产增收与可持续发展的重要因素。包括土传病害、有机肥料投入不足而地力不肥、滥用氮素化肥而次生盐渍化严重、以根结线虫病为重点的日光温室连作障碍。山东省寿光市已初步形成较为完善的控防棚室连作障碍的技术及其操作办法，现介绍如下。

(1)控防日光温室连作障碍的原理

一是以太阳、生物、化学所产生的三大热能综合利用为基础，通过高温闷棚处理，促使耕作层土壤形成55℃以上的持续高温，能够有效地灭除致病微生物及部分地下害虫，获得局部生态防治的良性效应。

二是利用高温闷棚技术使土壤内有机肥充分腐熟，提高其吸收利用率；通过增加土壤有机质含量，促使次生盐渍土脱盐；改善土壤团粒结构、培养有益微生物群落。

三是在高温闷棚过程中，石灰氮（氰氨化钙）作为一种有效缓释氮肥，对降低蔬菜产品中硝酸盐含量、补充土壤钙离子、减轻土壤酸化、平衡土壤酸碱度具有明显效果。

（2）**操作方法** ①5月下旬至8月中旬，日光温室内蔬菜收获后，拔除植株残体；保持棚架完好、棚膜完整；深翻土壤25～30厘米后整平地面。②利用铡草机将植株残体、麦秸和玉米秸秆铡成3～5厘米长的段，备好菇渣、鸡粪或猪圈粪及牛栏粪等有机肥、石灰氮，选定适宜的用料方案，将料充分混合后均匀撒施于土壤表面，进行人工或机械翻混1～2遍。③每隔1米培起1条宽60厘米、高30厘米南北向的瓦背垄，也可按下茬茄子的定植株行距要求直接培垄。④对无支柱的暖棚可用整块塑料薄膜覆盖，对有支柱的暖棚，须根据具体情况覆盖薄膜，但要密封薄膜搭接处。塑料薄膜可重复使用。⑤棚内灌水至饱和度，用棚膜密封整个棚室，提高闷棚受热和灭菌杀虫效果。⑥高温闷棚可进行至茄子苗定植前5天揭膜晾棚，闷棚时间不得少于25天。

（3）**用料方案** 每667平方米用料量：蔬菜植株残体（秸秆、秧蔓、枝叶等）3 000～5 000千克；作物秸秆（玉米秸、麦秸、麦糠等）1 000～3 000千克；有机肥料（鸡粪、牛粪、猪粪、菇渣等）5 000～10 000千克。根据实际条件可灵活选择用料方案。可选其一或二合一，也可选其二或三合一，只要用料适量即可。每667平方米用石灰氮60～100千克。

（4）**控防效果**

一是明显减轻根结线虫病的侵害。连作障碍较重的温室，经严格处理后，能够恢复到新建温室时的蔬菜产量与品质水平。据秸秆发酵处理试验表明，在重病茄子温室内对根结线虫病的防效达70%以上。寿光市圣城街道北关村的茄子温室根结线虫病较严重，采用秸秆发酵处理后，减轻了线虫病的侵害，茄子增收30％以上。另据石灰氮与秸秆发酵处理试验表明，在重病温室内对根结线虫病防效达85％以上。

二是明显减少因重茬土传引发的枯萎病、根腐病、黄萎病、疫霉病、灰霉病、茎基腐病以及细菌、病毒性等10余种病害。在寿光温室蔬菜连作障碍严重的试验基地上，试验结果表明，不同处理对土壤含菌量存在明显影响，采用高温闷棚措施后，可有效减轻多种蔬菜根腐病及枯萎病等土传病害的发生与危害。

三是高温快速沤腐有机肥，为保证蔬菜所必需的土壤营养成分，降解肥料中的有毒、有害成分，为实现无公害生产创造有利条件。

四是合理选用石灰氮，显著降低产品硝酸盐含量，减轻土壤酸化。同时，低量使用石灰氮（每667平方米50千克）的处理，比农民习惯施肥每667平方米减少成本1 500元以上；高量使用石灰氮（每667平方米80千克）的处理，比农民习惯施肥每667平方米减少成本1 600多元，每667平方米增加纯收入2 000元左右。

(5)强化高温闷棚技术的协调措施 用高温闷棚技术克服连作障碍虽然经济有效，但需每年同期严格处理1次，如隔年处理，则控防效果比较差。同时，严防温室外带菌的雨水灌入温室内，选用深井水浇灌，移栽无病壮苗，选用腐熟有机肥随水灌施等综合控防措施，防病效果持久。

82. 日光温室茄子有哪些主要害虫？如何识别与防治？

(1)美洲斑潜蝇 美洲斑潜蝇属双翅目潜蝇科，俗称“小白龙”。

【为害特点】 幼虫以蛀食叶片上下表皮间的叶肉细胞为主，常在叶片上形成弯弯曲曲的蛇形蛀道。蛀道前端较细，随着幼虫长大，后端蛀道较粗。成虫的取食和产卵孔也造成一定危害，影响光合作用和营养物质的输导，同时传播病毒。

【形态特征】 成虫体长1.3～2.8毫米，淡黄褐色；中胸背板亮黑色，体腹面黄色，触角和额鲜黄色，前足棕黄色，后足棕黑色，腹部大部分黑色，但背板边缘黄色。卵0.2～0.3毫米，米色，轻微半透明。幼虫无头蛆状，初孵无色，渐变淡橙黄色，后期橙黄色，长约3毫米，共3龄，老熟后多在叶外化蛹。蛹椭圆形，腹面稍扁平，橙黄色。

【防治方法】 ①农业防治。在害虫发生初期，定期清除虫叶，杀灭幼虫。茄子与感虫作物丝瓜和豆角套种，可减轻虫害。②生物防治。美洲斑潜蝇的天敌有潜蝇茧蜂、绿姬小蜂、双雕小蜂等，利用这些天敌可减轻虫害。③药剂防治。在幼虫化蛹高峰期后8～10天，可选用48%乐斯本乳油1 000倍液，1.8%爱福丁乳油1 000倍液，10%烟碱乳油1 000倍液，净叶宝1号1 500倍液喷雾防治。

(2)白 粉 虱

【为害特点】 成若虫群集叶背吸食汁液，被害叶片褪绿变黄、萎蔫，甚至全株枯死。该虫还分泌蜜露诱发煤污病，还可传播病毒病。

【形态特征】 成虫体长1～1.5毫米，淡黄色，双翅白色，翅面覆盖白色蜡粉，俗称“小白蛾”。卵长椭圆形，长约0.2毫米，基部有卵柄，初产时淡黄色，孵化前变黑色。若虫体椭圆形扁平，淡绿色或黄绿色。足和触角退化，紧贴在叶片上营固定生活。

【生活习性】 1年发生多代，世代重叠，以各种虫态在温室蔬菜上越冬或继续为害。成虫具有趋黄、趋嫩和趋光性。可孤雌生殖。喜食植物幼嫩部分，若虫孵化后 3 天内在叶背可做短距离移走，然后营固定生活。

【防治方法】 ①农业防治。根除虫源基地。冬季育苗要清除残株杂草，熏杀残余成虫，培育“无虫苗”。结合整枝打杈，摘除带虫老叶，带出田外销毁。②物理防治。在白粉虱发生初期，将黄板涂机油等黏性剂置于保护地内与植株高度齐平，以诱杀成虫。③生物防治。可利用丽蚜小蜂、草蛉等控制白粉虱的为害。丽蚜小蜂的使用方法：首先将寄生卵制成放蜂卡，放蜂卡的制作应做到防雨、防晒及防止捕食性天敌的破坏，以保证释放到田间的丽蚜小蜂能够有效羽化、存活。白粉虱发生初期单株虫量为 0.5～1 头时开始释放，每 667 平方米释放 5 000～10 000 头。隔 7～10 天释放 1 次，连续释放 3～4 次。放蜂时，将卵卡挂在每个放蜂点植株中部的主茎上。小蜂与粉虱在低数量水平上保持数量平衡后，可以停止放蜂。注意棚室保温，夜间温度最好保持在 15℃以上。④药剂防治。一是熏烟法。每 667 平方米用 22%敌敌畏烟剂 0.5 千克，于傍晚将温室密闭后熏杀成虫。或每 667 平方米用 80%敌敌畏乳油 0.3～0.4 千克，加适量锯末，点燃（无明火）熏杀。二是喷雾法。在虫害发生初期，及早选用 25%扑虱灵可湿性粉剂 1 500 倍液，2.5%天王星乳油 3 000 倍液，20%灭扫利乳油 2 000 倍液，0.3%苦参碱水剂 1 500 倍液喷雾防治。喷药时，注意先喷叶片正面，然后再喷叶片背面。

（3）**葱蓟马** 葱蓟马属缨翅目蓟马科，又名烟蓟马、棉蓟马，是一种杂食性害虫。

【为害特点】 成虫和若虫均以锉吸式口器为害心叶、嫩芽。被害叶形成许多细密而长形的灰白色斑纹，使叶子失去膨压而下垂，严重时扭曲、变黄枯萎。葱蓟马还可传播植物病毒。

【形态特征】 成虫体长1～1.3毫米，浅黄至深褐色，翅细长、透明，周缘有很多细长毛。卵长0.2毫米，肾脏形，逐渐变成卵圆形。若虫体形似成虫，1～2龄无翅芽，3～4龄翅芽明显。

【生活习性】 以成虫、若虫在未收获的寄主叶鞘内、杂草、残株间或附近的土里越冬。翌年春成若虫开始活动为害。成虫活泼善飞，可借风力传播。成虫怕光，白天多在叶背或叶腋处，阴天和夜里到叶面上活动取食。5～6月份为葱蓟马为害盛期。能孤雌生殖，整个夏季几乎全是雌虫。初孵若虫群集为害，稍大后分散。葱蓟马喜欢温暖和较干旱的环境条件，冬季可在温室中继续为害。

【防治方法】 ①农业防治。早春清除田间杂草和残株落叶，集中处理，降低越冬虫口密度。平时勤浇水、除草，可减轻为害。②药剂防治。选用0.3%苦参碱水剂1 000倍液，80%敌敌畏乳油1 500倍液，50%辛硫磷乳油1 500倍液，21%灭杀毙乳油1 500倍液，20%复方浏阳霉素乳油1 000倍液喷雾，要注意喷到心叶及叶背。

(4)二十八星瓢虫

【为害特点】 以成、幼虫舐食叶肉，残留上表皮成网状，为害严重时食尽全叶。此外，还舐食瓜果表面，受害部位变硬，带有苦味。

【形态特征】 成虫体长6毫米，半球形，黄褐色，体表密生黄色细毛。前胸背板上有6个黑点，中间的两个连成1个横斑。每个鞘翅上有14个黑斑，第二列4个黑斑呈一直线。卵长约1.2毫米，弹头形，淡黄色至褐色。卵粒排列较紧密。

幼虫：初龄淡黄色，后变白色，体表多刺，其基部有黑褐色环纹，枝刺白色。蛹长5.5毫米，椭圆形，背面有黑色斑纹，尾端包着末龄幼虫的蜕皮。

【生活习性】 在夏、秋季发生最多，为害最重。成虫白天活动，有假死性和自残性。雌成虫卵产于叶背，初孵幼虫群集为害，稍大后分散为害。老熟幼虫在原处或枯叶中化蛹。卵期5～6天，幼虫期15～25天，蛹期4～15天，成虫寿命25～60天。

【防治方法】 ①农业防治。人工捕捉成虫。利用成虫的假死性，并叩打植株使之坠落，用盆承接，收集后杀灭。人工摘除卵块。雌成虫产卵集中成群，颜色艳丽，极易发现，易于摘除。②药剂防治。在幼虫分散前，及时选用2.5%功夫乳油4 000倍液，21%灭杀毙乳油5 000倍液，50%辛硫磷乳油1 000倍液喷雾，注意重点喷叶背面。

(5)红 蜘 蛛

【为害特点】 以成螨、幼螨和若螨群集于叶背吸食汁液，出现褪绿斑点，逐渐变为灰白斑和红斑，严重时叶片枯焦脱落。

【形态特征】 成雌螨体长0.42～0.52毫米，雄螨0.26毫米，皆为红褐色，椭圆形，足4对，无爪。幼螨近圆形，暗绿色，眼红色，足3对。若螨足4对，体形及体色似成螨，但个体小。卵圆球形，无色透明。

【生活习性】 1年发生10～20代，雌成虫潜伏于菜叶、草根或土缝附近处越冬。春季开始繁殖并为害。初为点片发生，后吐丝下垂或靠爬行借风雨扩散传播等，先为害老叶，再向上扩散。当食料不足时，可迁移别处为害。以两性生殖为主，有孤雌生殖现象。高温干旱年份发生重。

【防治方法】 ①农业防治。清除杂草及枯枝落叶，减少虫源。②药剂防治。加强虫情检查，在点片发生阶段，选用1.8%阿维螨清乳油 1 000 倍液，5%天力 2 号可湿性粉剂1 000倍液，21%灭杀毙乳油2 000倍液，73%克螨特乳油1 200倍液，净叶宝 3 号 1 500 倍液喷雾。

(6)茶黄螨

【为害特点】 食性极杂。成、幼螨集中在寄主幼嫩部位刺吸汁液，尤其喜欢刺吸尚未展开的芽、叶和花器的汁液。被害叶片增厚僵直、变小或变窄，叶背呈黄褐色、油渍状，叶缘向下卷曲。幼茎变褐。丛生或秃尖。花蕾畸形，果实变褐色，粗糙，无光泽，出现裂果，植株矮缩。

由于虫体较小，肉眼一般难以发现，为害症状又和病毒病或生理病害症状有些相似，生产上应注意识别。

病毒病发生在嫩叶，表现为小叶，叶皱缩；生理性病害引起落花、落果。但病毒病在干旱条件下发生，除了小叶外，多数病毒病在叶上会表现黄绿相间的斑驳；生理性病害如缺素症、日灼。一般与高温干旱有关。而在高温高湿的季节中，一定要注意茶黄螨。

茶黄螨为害茄子有 2 个显著特点：一是叶子叶背有油质光泽，发红发亮；二是果实裂开呈开花馒头状。

【形态特征】 成雌螨长约 0.21 毫米，体躯阔卵形，体分节不明显，淡黄色至黄绿色，半透明有光泽；足 4 对，沿背中线有 1 白色条纹，腹部末端平截。雄成螨体长约 0.19 毫米，体躯近六角形，淡黄色至黄绿色，腹末有锥台形尾吸盘，足较长且粗壮。卵长约 0.1 毫米，椭圆形，灰白色、半透明，卵面有 6 排纵向排列的泡状突起，底面平整光滑。幼螨近椭圆形，躯体分 3 节，足 3 对。若螨半透明，菱形，适宜静止阶段，被幼螨表皮所包围。

【生活习性】 1年发生20多代，世代重叠。冬季可在日光温室等保护地中越冬或繁殖为害。靠爬行、风力、农具、种苗等传播蔓延，始发时有明显的点片阶段，是防治的关键时期。一年中以7～9月份为害最盛。10月份后，随着气温下降，螨量减少。幼螨喜温暖潮湿的环境。成螨较活跃，且有雄螨负雌螨向植株上部幼嫩部位转移的习性。卵多产在嫩叶背面、果实凹陷处及嫩芽上，经2～3天孵化，幼、若螨期各2～3天。雌螨以两性生殖为主，也可营孤雌生殖。

【防治方法】 ①农业防治。压低越冬虫口基数，铲除田头地边杂草，清除枯枝落叶并集中烧毁。②药剂防治。在点片发生时及时选用1%阿维螨清乳油1 000倍液，5%卡死克乳油1 200倍液，5%天力2号可湿性粉剂1 000倍液，73%克螨特乳油1 000倍液喷雾。重点喷洒植株上部嫩叶背面、嫩茎、花器、生长点及幼果等部位，并注意交替轮换用药。茶黄螨主要集中于幼嫩叶的背面，所以喷施杀螨剂时要上喷下翻，注重喷幼嫩部位，翻过喷头向上喷叶背。

五、日光温室茄子的生理障碍防治

83. 冬季温室茄子果实为什么不易膨大？怎样促进果实膨大？

冬季温室茄子不易膨大，主要表现是果实膨大缓慢，果实短小。果实不易膨大的主要原因：一是温室内的温度偏低，果实膨大速度慢；二是植株的生长势弱，营养不良，不能为果实提供充足的营养。要想促进茄子果实膨大，首先要改善果实生长的环境条件，特别是要保持适宜的温度和充足的光照；其次，要加强田间管理，尤其是要保证肥水供应，防止植株早衰；第三，用膨果激素处理果实，促进果实膨大。可在开花坐果后，用赤霉素 2 500 倍液喷洒花果，每 10 天左右喷 1 次，连喷 2 次。也可用 30 毫克/千克膨果剂溶液蘸果。具体使用方法参阅第 33 问相关内容。

84. 日光温室茄子坐果率低的原因是什么？如何解决？

(1)日光温室茄子坐果率低的原因

一是棚温太低。茄子是喜温蔬菜，生长发育适应温度为 15℃～35℃，适宜温度为 22℃～32℃；低于 20℃果实停止生长，低于 15℃会落花。我国大部地区 12 月下旬至翌年 3 月初的冬季和早春季节，经常受寒流袭击，这段时间正值温室茄子开花结果期，有的温室因建造不科学，欠规范，采光角度不合理，保温措施欠佳等，造成棚温在 15℃以下的会导致落花落果。

二是病害侵染。日光温室茄子如受多种病害的侵染，将导致坐果率的降低。例如茄子灰霉病，除侵染茄子的叶、茎外，还严重侵染果实，其侵染途径是：茄子开花期，灰霉病菌开始侵染花瓣，花瓣萎蔫后再侵入果实，使幼果特别是“瞪眼茄”很快染病而凹陷腐烂。湿度对此病流行影响较大，棚内低温高湿，通风不良发病严重。

三是光照不足。棚膜上的水滴、草屑、尘土等，会使棚膜的透光率下降30%左右。新膜在使用2天、5天、15天后，棚内光照会依次减弱14%、25%、28%。如果棚膜使用时间较长，膜上灰尘、草屑又多，就会使棚内光照过弱。茄子对光照有较强要求，光照过弱不但花期延迟，还会引起落花。

四是营养不良。茄子喜肥耐肥，在低温弱光的冬季，因地温较低，土壤中的有机质和微量元素等转化慢，无法满足根部吸收，造成植株营养不良，导致落花落果。

(2)采取措施提高茄子坐果率

一是增温保温。在棚内吊上天幕，可提高气温3℃左右。多施有机肥，有机肥空隙大而且多，里面充满了空气，能够有效减少土壤热量的散失；有机肥在分解过程中还能放出一定的热量，可明显提高棚内的地温和气温。盖防寒膜。傍晚盖好草帘后，再加盖一层塑料薄膜防寒，可提高棚温3℃～4℃。

二是防治灰霉病。

农业防治：①节制浇水，降低大棚湿度。浇水应在上午进行，严防过量，发病初期适当节制浇水。浇水后及时通风排湿。②摘除花冠。花蕾膨大后，花瓣开始萎蔫，要将花瓣摘除，不可留下花根(花瓣根部)，否则极易引发灰霉病。③及时摘除病叶、病果。

药剂防治：①烟熏。每667平方米每次用10%速克灵烟剂250克熏烟。②喷粉。每667平方米每次用5%百菌清粉尘剂或6.5%万霉灵粉尘剂1千克喷粉，隔7天再喷1次。③喷雾。发病初期喷洒40%施加乐悬浮剂1 200倍液或农利灵可湿性粉剂1 000倍液，每7天喷1次，连喷2～3次。

三是增加光照强度。①要经常清扫棚膜，保持棚膜清洁，下雪天及时清扫积雪，以提高棚膜的透明度。②设置反光幕。用长3米、宽2米的镀铝膜反光幕，挂在大棚内北墙上，使之垂直地面，可使地面增加光照40%左右。③选用无滴膜。无滴膜在生产的配方中加入了几种表面活性剂，使水分子形成的雾水沿薄膜面流入地面而无水滴产生。选用无滴大棚膜扣棚，可增强棚内的光照强度和提高棚温。④摘除老叶。随着植株的生长和果实的采摘，下部的老叶可随时摘除，以增强透光性。

四是叶面追肥。在冬季低温弱光条件下，土壤中的有机质和微量元素转化慢，无法满足植株生长的要求，需要进行叶面追肥，以促进花芽分化和保花、保果。可喷施宝力丰150倍液，或硼砂或硼酸2 000倍液，或硫酸镁1 000倍液，或硫酸锌1 000倍液，或稀土600倍液和其他叶面肥。

五是喷防落素。用小型喷雾器，将20～50毫克/千克防落素（番茄灵）喷洒于花朵上，以喷湿为宜，隔3～4天喷1次。经药剂处理后，可明显减少落花，促进果实生长，提高产量，提早收获。要严格控制使用浓度，并尽量不要将药液喷到心叶和嫩叶上，以免引起药害。在喷花药液内加入0.1%的50%速克灵可湿性粉剂，或50%扑海因可湿性粉剂，或50%农利灵可湿性粉剂，或50%多菌灵可湿性粉剂，可抑制灰霉病的发生，达到保花、保果的目的。

六是人工授粉。保护地中应进行人工授粉，授粉时间以8～10时效果最好。

85. 日光温室茄子生长旺盛却迟迟不结果是什么原因？如何解决？

茄子在保护地栽培中，往往会出现植株长势十分茂盛而结果很少甚至不结果的现象。其原因主要是日光温室里茄子栽培密度过大，光照较弱，通风量小，夜间温度特别是温室后半夜温度偏高，因而不利于果实生长发育。解决的办法，单靠激素处理效果不理想，最有效的方法是对植株进行调整，每枝留 2～3 个侧枝，其余的侧枝全部去掉，另外，再配合控水、实行变温管理等措施，使植株的营养生长和生殖生长尽快恢复平衡，使植株茎、叶所制造的养分顺利转移到果实中去，促进果实膨大，提高前期产量。定植缓苗后至门茄坐果前进行蹲苗，不必追肥灌水，即可有效地防止出现只长秧不结果的现象。控制茄子植株旺长的其他措施，请参阅第 32 问的相关内容。

86. 冬季久阴乍晴日上午揭开草苫后茄子为什么会发生萎蔫？发生萎蔫后怎么办？

冬季久阴乍晴日上午揭开草苫后茄子发生萎蔫的主要原因，是由于长期阴天，日光温室内气温、地温都较低，当晴天揭苫后，棚内气温迅速上升，加速叶片蒸腾，而此时地温尚低，根系吸水力差，吸水速度小于蒸腾速度，叶片就失水而萎蔫。

在连续低温弱光天气过后，天气突然转晴，揭开草苫一段时间，当茄子叶片开始表现失水且叶尖有萎蔫下垂现象时，把草苫重新放下来，当叶片恢复正常时再把草苫揭去，揭去草苫后当叶片又变软，叶尖部又要下垂时，再把草苫盖上，当叶片恢复正常时又揭去草苫，如此反复多次，直到叶片在揭苫后一直生长正常为止，再进行正常揭盖苫，这个过程就叫“回苫”。通过多次回苫，随着地温的提高，根系吸水能力也相应提高，最终达到吸水与蒸腾的平衡。在叶片失水情况下，若不回苫，则会造成叶片永久性失水萎蔫。除采用回苫措施外，还可向叶面喷施植物调节剂，增加茄子根系，增强吸收功能。

经过农业部门近几年试验证明，在现有的预防冷害的物化技术品种中，能够在低温冷害情况下保证作物正常能量、生理代谢功能的产品，首推台湾纳米高科技产品——纳米磁能液，该产品可将强磁能在作物体内转化，提高作物的抗冷害能力。其具体的使用方法：①预防：根据当地的天气变化情况，如近期内有低温天气，即提早预防，每667平方米用6毫升纳米磁能液3 000倍液喷施。②治疗。对已发生萎蔫下垂现象的，每667平方米用6毫升纳米磁能液2 000倍液喷施，可在短期内迅速缓解冷害，使茄子恢复生长，恢复正常作物生理生长特征。此外，还可喷施爱多收等进行预防或治疗。

87. 有时用2,4-D处理花朵后植株发生皱叶是什么原因？怎样解决？

用2,4-D处理茄子花朵后，植株发生皱叶的主要原因有3个：①2,4-D的使用浓度过高。适宜的2,4-D药液浓度为25～30毫克/千克。2,4-D属于向上传导型植物生长调节剂，在保花保果时，若浓度过大，会通过花序传至生长点，达到一定浓度后，使生长点叶片变小、变皱、变厚，呈病毒症状。由于由花朵进入生长点的2,4-D数量有限，故引起的叶片皱缩程度一般比较轻，短时间能够恢复正常。②植株水分供应不足。用2,4-D处理花朵期间，如果植株缺水，也容易引起茎叶中2,4-D相对浓度过高而引起叶片皱缩。③高温下处理花朵。在高温条件下处理花朵，特别是在晴暖中午前后处理花朵，由于此时植株中的水分含量较低，即使用正常浓度的 2,4-D 处理后，也因茎叶中的 2,4-D 浓度偏高而引起叶片皱缩。

解决皱叶的办法：叶片发生皱缩后，应及时浇 1 次水，增加茎叶中的水分含量，稀释茎叶中的 2,4-D，同时进行叶面喷水，增加叶片中的水分含量，促使叶片伸展。

88. 日光温室生产中苦味茄产生的原因是什么？如何防止？

(1) 苦味茄产生的原因

一是品种因素。茄子本身含有一些特殊苦味物质，如茄碱工苷 M($C_{31}H_{51}NO_{12}$)等。野生茄通常果实小、味苦，经栽培驯化后苦味减轻，但仍有一定的含量。不同的品种中苦味物质的含量有一定的差异，其含量的多少在某种程度上决定着茄子苦味的轻重。一般来说，绿色茄子高于紫色茄子，矮茄高于长茄。

二是环境因素的影响。茄子果实中苦味物质的多少，很大程度上受外界环境的影响。保护地栽培是一种逆环境栽培，其创造的条件由于受当前生产水平的影响，很难达到茄子生长最佳环境。特别是在我国北方地区，早春或冬季栽培的茄子，通常会遇到连阴天气或低温寡照天气，常会影响茄子的正常生长，使其生理过程失衡，物质代谢紊乱，茄果内苦味素超量蓄积，加重其苦味。

三是嫁接砧木的影响。近年来，为防止连作障碍，大多地区保护地栽培茄子均已采取嫁接育苗，有效地防止了连作障碍，但如果选用砧木不当，就会影响其品质，有时会加重茄子的苦味。

四是栽培措施失当。茄子属于果菜类，其生长需要完全肥料，特别是当其由营养生长转入生殖生长后，植株对部分矿质元素的需求量明显增加，此期若偏施氮肥，极易造成植株旺长而产生苦味。另外，茄子栽培过程中水分供应一定要及时，如缺乏水分供应，就会影响到植株正常的生理、生化活动，妨碍干物质的转化积累和有害物质的分解释放，导致果皮厚硬、果肉味苦，品质降低。

(2)**防止措施** 针对上述原因，从预防入手，加强综合栽培管理措施是防止产生保护地苦味茄的关键。其主要措施如下。

一是选用适宜保护地种植的品种。保护地栽培时要选择抗低温、耐弱光、苦味轻的品种。对新引进的品种，要在先行试种成功的基础上再实施扩种，避免盲目种植，以免造成损失。

二是优化保护地生产环境，尽量满足茄子的生理需要。注意选择保温能力强的棚材和透光性能好的无滴膜，经常清除尘积和棚膜上的污物，以保证充足的光照。有条件的地区可以采取一定的增光措施，如使用反光幕、人工补光等。增强保护地的增温、保温性能，使保护地内的温度能够满足茄子生长的需要，特别是在坐果以后，更要设法达到茄子生长的适温，防止因光热不足导致茄子生长发育失衡而产生苦味。

三是砧木选择要适当。在进行嫁接育苗时，除了要考虑其亲和性，还要考虑砧木对茄子品质的影响，要选用对品质影响较小的一些砧木。目前生产上应用效果较好的茄子砧木主要有托鲁巴姆、赤茄等。

四是加强栽培管理，确保优质高产。种植过程中，要注意合理密植，一般每 667 平方米种植密度为 2 800～3 000 株。结合果实采收，及时疏除衰老枝叶，以利于透光和防止病害侵染。坚持有机肥与全营养化肥的科学合理搭配。根据生育进程保证所需水分供应，严防肥水亏缺或供应不当，间接影响植株体内酯酶的分解而出现苦味。生产实践表明：在茄子坐果后选择晴好天气，相隔10～15天，叶面喷施0.5%磷酸二氢钾与1%蔗糖混合液2次，对减轻茄子苦味，提高产量和品质效果明显。

89. 日光温室茄子发生药害时有什么表现？有哪些急救措施？

防治茄子病虫害时，常发生药害，首要的问题是正确识别药害特征，把它与病害及生理影响区别开来，才能采取正确的对策。

茄子发生药害因农药种类不同、茄子种类不同、受害轻重不同而症状差异很大。其主要症状是：①烧叶。最常见的是叶脉间变色和叶缘尤其是滴药水处变白或变褐色，叶表受到较轻药害时失去光泽。区别于其他伤害的重要特点是中部叶及功能叶烧叶严重，嫩叶及上部叶片变色比下部叶片严重；而气害则多是中部叶及功能叶受害严重，叶边缘及叶反面严重，以此可与药害相区别。②叶变黄或脱落。在根部受药害、肥害及大水闷根时心叶小叶变黄。对药物敏感则大叶变黄，如茄子施用含代森锰锌等药物过量，如施用杀毒矾等会引发叶黄甚至脱落。③叶子果实着生黑斑、黑点。如果农药使用浓度偏高时，会产生症状，如铜制剂可使茄子果实生黑点，特点是黑亮且擦不掉；菌核净可使叶部生黑褐斑；密霉胺可使茄子叶片生片状褐斑。④抑制生长。特普唑等不少三唑类药物也会使多种蔬菜生长变慢，叶小果小，生长受到抑制。使用多效唑或特普唑量大时也会使下一季或下一茬蔬菜生长缓慢。⑤叶果畸形。点花药物如2,4-D、防落素等使用浓度太高或用量大时很容易引发生长点叶变厚、变窄、扭曲畸形，状如病毒病。果实变形、变僵而不长或开裂。

防治茄子药害有以下 6 项措施：

一是喷施中和剂。针对导致药害的药物性质，使用与其性质相反的药物进行中和缓解。如发生硫酸铜药害后，可喷 0.5%的生石灰水解救。如受石硫合剂药害后，在水洗的基础上，喷米醋 400～500 倍液可减轻药害。有机磷类农药产生药害时，可喷硼砂 200 倍液 1～2 次。

二是使用解毒剂。生药害后可用某些特定的解毒剂进行补救。如多效唑等抑制剂或延缓剂造成危害时，可喷施儿二〇溶液解救。

三是喷施生长调节剂。根据需要，选用叶绿宝、多得、康培、细胞分裂素等叶面营养调节剂和植物激素进行叶面喷施，能促进作物恢复生长，减轻药害造成的损失。

四是喷施强氧化剂。高锰酸钾是一种强氧化剂，对多种化学农药都具有氧化、分解作用，可用高锰酸钾 3 000 倍液进行叶面喷施。

五是灌水降毒。因土壤施药过量造成药害，可灌大水洗田，一方面满足作物根系的吸水需求，增加茄子植株细胞的水分含量，以降低体内农药的相对浓度；另一方面灌水能降低土壤中农药的浓度，减轻农药对茄子的毒害。

六是及时增施肥料。作物发生药害后生长受阻，长势减弱。若及时补施氮、磷、钾肥或腐熟有机肥，可促使受害植株恢复生长。如果药害是由酸性农药引起的，可在地里撒生石灰或草木灰，药害较重的还可用 1%漂白粉液叶面喷施。对碱性农药引起的药害，可施用硫酸铵、过磷酸钙等酸性肥料。

无论何种性质的药害，叶面喷施 0.1%～0.3%磷酸二氢钾溶液，或用0.3%尿素加0.2%磷酸二氢钾混合液喷洒，每隔5～7天喷1次，连喷2～3次，均可显著降低因药害造成的损失。

90. 日光温室茄子发生落花和畸形果是什么原因？其防止对策是什么？

茄子保护地栽培由于受气温等环境条件的限制，极易形成落花或畸形果，造成减产。根据寿光市菜农的经验，其原因及对策主要有以下9个方面。

一是用激素处理花朵(即用九二〇药液蘸花或涂抹花柄)时间把握的不准而形成落花或僵茄。用激素处理花朵最佳时间只有3天，即花朵开放的当天和开放前2天，超过这3天处理无效，提前处理易形成僵茄(死疙瘩)。

对策：当茄子花朵全部变紫色到开放共为3天，均可用激素处理，但以花朵开放当天处理最好。

二是激素浓度过大易形成畸形果。

对策：浓度一般要求为0.003%，但应灵活处理，即气温高时稍淡，气温低时稍浓。拱圆式棚室栽培茄子，因温度调控有限，当外界平均气温在15℃以下时，激素施用浓度以0.004%～0.005%为宜。

三是长期弱光。弱光条件下植株光合作用差，易形成较多的短柱花而导致落花，用激素处理效果不佳。

对策：晴天草苫早揭晚盖以延长光照时间，阴天也应揭苫吸收散射光，阴雨天缩短揭苫时间，但不能不揭。日光温室后墙挂反光幕，拱式棚室地面铺反光地膜。晚上用日光灯补光。定期喷施强力光合灵。

四是晚上高温易形成短柱花而落花，特别是育苗期晚上高温，花芽会提前分化，易形成短柱花而落花。

对策：把夜温降到 15℃～17℃。

五是生长比较弱的植株所开的花，花梗细，花瘦小，花柱短、易落花，即使用激素处理，也会形成僵茄。

对策：定植时淘汰弱小苗和僵苗，选壮苗。摘掉门茄花朵，人为延长营养生长期，同时增施肥料，促根壮秧。对以后坐的果根据植株生长情况，实行限果管理。

六是土壤干旱，空气干燥，土壤中肥料浓度过大，盐分在土表积聚，叶呈“镶金边”状，花生长发育受阻，或落花或干枯。

对策：及时灌水解盐，使土壤保持湿润。施肥量一次不宜过大，做到“少吃多餐”。喷施 FD-旱地丰、喷施宝或旱地龙。

七是营养生长过旺的徒长株所开的花易落，即使用激素处理，也会形成僵茄或畸形果，这是叶片制造的养分被茎叶争夺的缘故。

对策：门茄“瞪眼”前适时蹲苗，蹲苗期适当控水控肥，中耕松土，使营养生长及时转到生殖生长。喷施皇嘉天然芸薹素，平衡营养生长和生殖生长。

八是在高温条件下用激素处理花朵易形成畸形果。

对策：温度超过 30℃应停止处理花朵。对当天开放的花，务必在上午温度为 30℃以下时处理完毕；对未开放的变紫花朵，10 时前处理不完的可在 16 时后继续处理。

九是空气相对湿度长期在 85％以上时，易发生灰霉病、绵疫病，导致花朵授粉困难，即使用激素处理也易落花或烂果。

对策：注意按时通风排湿，避免大水漫灌而湿度过大。防病最好采用粉尘法或用烟雾剂熏烟。在激素药液内加入 1％速克灵或扑海因，可防患于未然。

91. 什么是茄子僵果？如何防止？

(1)症状　茄子果实形状不正，朽住不长，即僵茄。

(2)病因　产生僵茄的原因主要是苗的素质不好，与床土及温度、湿度、光照管理有关。茄子根系发育缓慢，吸水范围窄，尤其幼苗不耐干燥，温度高于 30℃，短花柱花增多，是落花及发生僵茄的原因之一。当昼夜温度都过高时，同化养分消耗增多，致苗质变劣。如光照不足，生长发育缓慢，形成花的时期及开花期推迟，致使花的素质下降。如温度低于 17℃，或高于 35℃，茄子受精受阻，花粉发芽趋缓，定植时遇有低温，即使花粉落到雌蕊上，但花粉管伸长不良，也会形成僵茄。尤其是夜温过高，昼夜温差小，易产生僵果。另外，氨态氮高、钾多、弱光、多湿的条件也会使僵果增多。越冬栽茄子易形成僵茄。一般圆茄品种比长茄品种僵果多。

(3)预防措施　①育苗期白天保持 26℃～30℃，夜温 17℃；二叶期后夜温控制在 14℃～15℃。②茄子喜强光，育苗时使用玻璃或透光充分的塑料薄膜，有利于提高苗的素质，但温度高于 40℃时不发芽。③育苗期尽量保温。最低气温不得低于 14℃～15℃，地温 16℃～17℃，白天注意增加采光，棚温控制在 30℃以下，及时通风换气，防止高温引起僵茄发生。④膨果期叶面喷施 1%尿素＋0.3%磷酸二氢钾混合液，促进植株生长，增加光和产物积累；用 30～50 毫克/千克防落素蘸花，以促进果实膨大。

92. 日光温室茄子畸形花是怎样形成的？如何防止？

(1)症状　正常的茄子花大色深、花柱长，开花时雌蕊的柱头突出，高于雄蕊花药之上，柱头顶端边缘部位大，呈星状花，即长柱花。生产上有时遇到花朵小，颜色浅，花柱细而短，开花时雌蕊柱头被雄蕊花药覆盖起来，形成短柱花或中柱花。当花柱太短，柱头低于花药开裂孔时，花粉则不易落到雌蕊柱头上，不易授粉；即使勉强授粉也易形成畸形花或导致落花。

(2)病因 形成畸形花的原因是花的发育和形态受环境条件和植物体营养状态的不良影响。茄子处在夜温高、弱光照的条件下，碳水化合物生成少但消耗很多，花芽的各器官发育不良，因而形成畸形花或脱落，易形成短柱花。另外，缺氮会延迟花芽分化，减少开花数量，尤其在开花盛期，氮、磷不足易产生畸形花。

(3)预防措施 ①选择肥沃的土壤育苗，白天气温控制在20℃～30℃，夜间在20℃以上，地温不低于20℃。初期和中期注意防止低温，后期气温逐渐升高时，要防止高温多湿，昼夜温差不要小于5℃，保持土壤湿润，延长光照时间有利于长柱花的形成。②培育壮苗。苗龄为70～80天，要求茎粗短，节紧密，叶大而厚，叶色深绿，须根多；苗期白大温度控制在28℃～30℃，夜间在18℃～20℃。同时注意增加光照。③苗子长到1叶1心时移植，使其在花芽分化前缓苗，促使花芽分化充分。④定植前1天浇透苗床，第二天用铲子把苗铲起，把茄苗带土提起，尽量少伤根，这样定植后不仅缓苗快，还可防止落花落果及产生畸形果。此外，还可有效地预防黄萎病和僵果。⑤温室茄子进入高温季节后，棚膜应逐渐揭开，防止高温危害或产生畸形花。

93. 日光温室茄子为什么会出现裂果？怎样预防？

(1)症状 茄子果实形状不正，产生双子果或开裂，在保护地发生较多。在露地条件下，主要发生在门茄坐果期。开裂部位一般始于花萼下端，危害较重。

(2)**病因** 主要是温度低或氮肥施用过量、浇水过多导致生长点营养过剩，造成花芽分化和发育不充分而形成多心皮的果实，或雄蕊基部分开而发育成裂果。有时果实与枝叶摩擦，果面产生伤疤，浇水后果肉膨大速度过快，容易引起开裂。

(3)**预防措施** ①选择在肥沃的土壤上育苗和定植。白天气温控制在20℃～30℃，夜间在20℃以上，地温不低于20℃。初期和中期注意防止低温，后期防止高温多湿，昼夜温差不要小于5℃，保持土壤湿润。②培育壮苗。苗龄70～80天，要求茎粗短，节紧密，叶大叶厚，叶色深绿，须根多。苗期白天温度控制在28℃～30℃，夜间在18℃～20℃。同时注意光照。③定植前1天浇透苗床，定植时尽量少伤根，以加快缓苗。④定植后，用10万单位的防落素配成30毫克/千克水溶液，对门茄进行喷花，可有效地防止保护地产生裂果。⑤提倡施用促丰宝活性液肥2号600～800倍液。

94. 日光温室茄子发生低温障碍有哪些表现？如何预防？

(1)**症状** 低温障碍有两种情况：一是低温冷害，棚室茄子在生长发育过程中遇有低温，出现叶绿素减少或在近叶柄处产生黄色花斑，病株生长缓慢，植株朽住不长；遇有冰点以上的较低温度，即发生冷害。叶尖、叶缘出现水浸状斑块，叶组织变成褐色或深褐色，后呈现青枯状。二是冻害，遇有冰点以下的温度即发生冻害，冻害依受冻程度可分为4种情况：①在育苗畦中仅个别植株受冻。②幼苗的生长点或子叶节以上的3～4片真叶受冻，叶片萎垂或枯死。③茄子幼苗尚未出土，幼苗在地下全部冻死。④植株生育后期或果实在田间或运输及贮存过程中，遇有冰点以下温度，常常受冻，温度回升至冰点以上，才开始显症，初呈水浸状、软化、果皮失水皱缩，果面出现凹陷斑，持续一段时间造成腐烂。

(2)原因 播种过早或反季节栽培时，气温过低或遇有寒流及寒潮侵袭时易产生冷害或冻害。

(3)预防措施 ①选用耐低温的品种。②苗床和定植地要采用分层施肥法，提倡施用日本酵素菌沤制的堆肥酿热物，以保持土壤疏松和提高地温，采用配方施肥技术，施用完全肥料或复合肥等，不要偏施氮肥，以增强幼苗抗寒能力，培育壮苗。③采用热水循环温床法育苗。④采用双层膜或三层膜覆盖，要注意提高苗床或温室地温，地温要稳定在13℃以上，防止落叶、落花和落果。⑤低温锻炼，适期蹲苗。⑥生产上遇有寒流或寒潮侵袭，出现大幅度降温天气时，要及时增加覆盖物或加温。土壤干旱时要浇水，寒流过后要千方百计把棚温和地温提高到13℃以上，避免低温型病害的发生和蔓延。一旦发生冻害，上午要早通风、下午晚通风，尽量加大通风量，以避免升温过快，使寄主细胞间的冰晶慢慢融化成水，并被原生质吸收，这样就能大大减轻受冻的程度。⑦茄子果实受冻，宜采用变温及缓慢间歇加温处理，使冷害症状消失，恢复正常，或使冷害症状延缓出现。⑧喷氯化胆碱。用500～1 000毫克/千克的氯化胆碱溶液喷洒茄子叶面，保护处于低温胁迫下的茄子植株的细胞膜系结构和提高其防冷性物质含量，从而增强茄子植株的抗冷性。

95. 如何正确识别和防治茄子缺素症和营养元素过剩症？

(1)缺氮症

【症　状】 叶片色变淡，老叶黄化，严重时干枯脱落，花蕾停止发育变黄，新叶变小。

【发生原因】 前茬施有机肥和氮肥少，土壤中氮素含量低;施用作物秸秆或未腐熟的有机肥太多;土壤含水量大,影响有效氮的转化;氮肥施用不均等,均易发生缺氮症。

【防治方法】 温度低时,施用硝态氮化肥效果好。施用腐熟堆肥及有机肥。

(2)缺磷症

【症 状】 茎秆细长,纤维发达;花芽分化和结果期延长,叶片变小,颜色变深,叶脉发红。

【发生原因】 土壤酸性大,磷被铁、镁固定,植株无法吸收;有时地温低也会严重影响茄子对磷的吸收,温度低时也会缺磷;氮肥施用过多会阻碍茄子对磷的吸收。

【防治方法】 缺磷的土壤要施用二铵和过磷酸钙等磷肥做基肥。在育苗期要注意施足磷肥。栽培过程中发现缺磷,叶面喷施0.2%磷酸二氢钾溶液或0.5%过磷酸钙溶液。

(3)缺钾症

【症 状】 初期心叶变小,生长慢,叶色变淡,后期叶脉间失绿,出现黄白色斑块,叶尖、叶缘干枯。

【发生原因】 土壤中钾含量低,且含有钾的有机物及钾肥施用少,容易造成缺钾症状。在生育盛期,果实发育需钾多,如果供钾不充足就容易发生缺钾症状。日照不足,温度低时易发生缺钾症状。地温低时,茄子对钾吸收减弱,容易发生钾的缺乏。

【防治方法】 充分供应钾肥,特别在茄子生育中后期不能缺少钾肥。多施用有机肥做基肥。发现缺钾时,可直接向土中施硫酸钾、氯化钾、草木灰或用0.2%磷酸二氢钾溶液和10%草木灰浸出液进行叶面喷施。

(4)缺钙症

【症 状】 植株生长点生长缓慢,生长点畸形,幼叶叶缘失绿；叶片的网状叶脉变褐，呈铁锈状叶。

【发生原因】 当土壤中钙不足时易发生；土壤中钙虽多但土壤盐类浓度高时也会发生缺钙的生理障害；土壤干燥时或空气湿度低，连续高温时易出现缺钙症状；当施用氮肥、钾肥过多时会出现缺钙情况。在连续多年种植蔬菜的土壤中栽培茄子易造成缺钙。

【防治方法】 多施有机肥。土壤缺钙，增施钙肥。应及时对叶面喷洒0.3%～0.5%氯化钙水溶液，每周喷2～3次。

(5)缺镁症

【症　状】 症状一般是从植株下部叶开始发生，在果实膨大盛期靠近果实的叶先发生。叶脉附近，特别是主叶脉附近变黄，叶片失绿，果实变小，发育不良。

【发生原因】 土壤含镁少或低温影响根对镁的吸收；土壤中镁含量虽多，但由于钾、氮过多会产生拮抗作用，而影响作物对镁的吸收；当植株对镁的需要量大而根吸收不能满足需要时，也会发生缺镁症。

【防治方法】 增施有机肥。测定土壤的含镁量，如土壤中镁不足时要补充钙镁磷肥。应急时可用1%～2%硫酸镁水溶液喷叶，1周喷2～3次。

(6)缺硼症

【症　状】 茎叶变硬，叶硬邦邦的；上部叶扭曲畸形，茎内侧有褐色木栓状龟裂。新叶停止生长，植株呈萎缩状态。子房不膨大，花蕾紧缩不开放。果实表面有木栓状龟裂，果实内部变褐，易落果。

【发生原因】 土壤酸化，硼素被淋失掉，或施用过量石灰都易引起硼的缺乏；土壤干燥，有机肥施用少容易发生缺硼。施用钾肥过量时也容易发生缺硼。

【防治方法】 定植前施含硼的肥料做基肥。应及时用 0.1 %～0.25%硼砂水溶液进行叶面喷施。

(7)缺铁症

【症　状】 新叶除叶脉外均变鲜黄色，在腋芽上也长出叶脉间黄化的叶。下部叶发生黄化的少，黄化往往发生在新叶上。根也易变黄。

【发生原因】 土壤含磷多、pH 值高时易发生缺铁。如磷肥用量太多而影响对铁的吸收，也容易发生缺铁。当土壤过干、过湿、低温时，根的活力受到影响也会发生缺铁。铜、锰太多时容易与铁产生拮抗作用，也易出现缺铁症状。

【防治方法】 当 pH 为 6.5～6.7 时，要禁止使用碱性肥料而改用生理酸性肥料。当土壤中磷过多时可采用深耕、客土等方法降低其含量。应急方法：如果缺铁症状已经出现，可用 0.5%～0.1%硫酸亚铁水溶液喷施，或用柠檬铁 100 毫克/千克水溶液每周喷 2～3 次。

(8)缺锌症

【症　状】 顶部的叶中间隆起，畸形；生长点附近的节间缩短。

【发生原因】 光照过强易发生缺锌；若吸收磷过多，植株即使吸收了锌，也仍表现缺锌症状；土壤 pH 值高，即使土壤中有足够的锌，但其不溶解，也不能被茄子吸收利用。

【防治方法】 不要过量施用磷肥。缺锌时，可以施用硫酸锌，每 667 平方米施用 1.5 千克。缺锌的应急方法是用硫酸锌 0.1%～0.2%水溶液喷洒叶面。

(9)缺锰症

【症　状】 植株幼叶脉间失绿呈浅黄色斑纹，严重时叶片均呈黄白色，同时植株茎变短，细弱，花芽常呈黄色。

【发生原因】 碱性土壤容易缺锰,检测土壤 pH,出现症状的植株根际土壤呈碱性,有可能是缺锰;土壤有机质含量低易缺锰;土壤盐类浓度过高,肥料如一次施用过多、土壤盐类浓度过高时,将影响锰的吸收。

【防治方法】 增施有机肥;科学施用化肥,宜注意全面混合或分施,勿使肥料在土壤中呈高浓度。缺锰的应急方法是用 0.2%的硫酸锰水溶液喷洒叶面。

(10)缺钼症

【症　状】 植株生长势差,幼叶褪绿,叶缘和叶脉间的叶肉呈黄色斑状,叶缘向内部卷曲,叶尖萎缩,常造成植株开花不结果。

【发生原因】 酸性土壤易缺钼。

【防治方法】 改良土壤,防止土壤酸化。缺钼的应急方法是每 667 平方米喷施 0.05%～0.1%的钼酸铵水溶液 50 升,分别在苗期与开花期各喷 1～2 次。

(11)氮素过剩症

【症　状】 主要表现是枝叶增多、徒长,开花少,坐果率低,果实畸形,果实着色不良,品质低劣。施氮过多,还易导致植株体内养分不平衡,容易诱发钾、钙、硼等元素的缺乏。植株过多吸收氮素,体内容易积累氨,从而造成氨中毒。

【发生原因】 氮肥或有机肥施用量过大。

【防治方法】 对于氮过剩,主要是控制氮肥用量,合理地进行氮、磷、钾肥配合施用。可根据茄子的产量水平和土壤肥沃状况确定肥料用量和比例,以减少施肥盲目性。

(12)硼过剩症

【症　状】 在植株下部叶的叶脉间发生褐色的坏死小斑点,而且小斑点逐渐由下部叶往上部叶发展。

【发生原因】 硼肥施用量过大，或用污水灌溉菜地。

【防治方法】 严格控制硼肥施用量。施硼肥做基肥，每667平方米用量为0.25～0.5千克，施用时避免与种子直接接触，一般3～5年施用1次。不可用含硼量高的污水灌溉。在土壤水溶性硼含量过高时，施用石灰可以降低硼的危害。

(13)锰过剩症

【症　状】 下部老叶叶脉变褐，沿叶脉的两侧出现褐色斑点。

【发生原因】 土壤酸化、黏重、灌水过多和土壤通气不良。

【防治方法】 酸性土壤出现锰中毒时，可施石灰进行改良。对土壤黏重的，用掺沙的办法改良。注意控制灌水量，防止过量施用化肥和未腐熟的有机肥。茄子对代森锰锌敏感，不要过量喷施代森锰锌或含代森锰锌的农药。

96. 日光温室茄子容易发生哪些气体危害？如何识别和防止？

(1)氨　害

【症　状】 幼苗受害时，叶边缘呈水浸状，变黑色而枯死；成株受害时，叶边缘褪绿变白干枯，或全株突然萎蔫。

【发生原因】 施用过量未腐熟的农家肥或施用过多的尿素、碳铵等氮肥，造成氨气聚集，或施氮肥时离根系近，根系周围土壤浓度大，茄子无法吸水而中毒。

【防治方法】 防止氨害的主要措施是施用充分腐熟的农家肥。施化肥特别是施尿素时，要少施勤施，施后及时浇水，加强通风。当发生氨害时，在叶背面喷1%的食醋溶液可明显减轻危害。

(2)二氧化氮气害

【症　状】 植株中上部叶背面发生不规则水浸状淡色斑点，或叶片上产生褐色小斑点，2～3 天后叶片干枯，严重时植株枯死。

【发生原因】 施肥量过大，土壤由碱性变酸性，硝化细菌活动受到抑制，致使二氧化氮不能及时转换成硝态氮而产生危害。

【防治方法】 施用充分腐熟的农家肥。施化肥特别是施尿素时，要少施勤施，施后及时浇水，并加强通风。

(3)二氧化硫气害

【症　状】 首先在气孔周围及叶缘出现症状，开始呈水浸状，而后叶绿素受到破坏，呈圆形或菱形的“白烟斑”，叶脉内出现斑点，易导致叶片枯萎脱落。茄子对二氧化硫敏感。

【发生原因】 大量施用硫酸钾及未腐熟的饼肥，易产生二氧化硫气害。

【防治方法】 ①适当选址。选择远离化工厂及可能发生二氧化硫气体危害的地方建棚。②合理施肥。施用充分腐熟的有机肥，采用配方施肥，减少化肥用量。③选用合理的施肥方法。追施尿素、磷酸二铵等化肥时，应埋实并结合浇水，尽量避免有害气体的挥发。④通风换气。追肥后利用中午温度较高时加强通风换气，减少棚内有害气体的积累。对已发生气害的棚室，尽快加大放风量，及时排放有害气体。⑤及早对叶面喷施植物动力 2003、天丰素等高效叶面肥，以增强植株的抗逆性，提高叶片光合效能。

(4)磷苯二甲酸和二异丁酯挥发气体

这两种气体来源于塑料中的增塑剂，它们均能通过植株叶片上的微气孔进入叶内组织，破坏组织细胞，造成危害，使蔬菜植株出现叶斑、褐变。所以温室、大棚最好选择聚乙烯无毒薄膜，以避免或减少有害气体的危害。

(5)乙烯和氯气

聚氯乙烯薄膜在使用过程中会挥发出乙烯气体，当达到一定浓度时(0.1毫克/立方米)，会使蔬菜中毒。棚室中多数是由于塑料薄膜不纯而挥发出氯气。当保护地内氯气浓度达到0.1毫克/立方米时，经2小时后就会出现中毒症状；低于0.1毫克/立方米时，时间持续较长也会受害。预防措施同磷苯二甲酸和二异丁酯挥发气体。

应该注意，任何蔬菜温室内的气体危害都不仅仅是一种气体造成的，有时是几种气体同时作用的结果。温室蔬菜一旦受到气体危害，就很难复原。所以，要做到以预防为主。

六、种植新模式

97. 日光温室茄子套种丝瓜栽培技术模式包括哪些关键环节?

(1)茄　子

一是品种选择。选择抗寒、早熟、丰产优质的品种,如西安绿茄、北京六叶茄、布利塔等。

二是育苗。1月中旬采用塑料温室育苗。播种前先用55℃的温水浸种15分钟,然后用清水浸种24小时,催芽5~6天后播种。播种后,白天温度控制在30℃~33℃,夜间在20℃~22℃。

三是整地施肥及定植。田地深翻细整,每667平方米施有机肥5 000千克,磷肥30千克,三元复合肥25千克。2月中旬选择晴天采用宽窄行定植,宽行距为80厘米,窄行距为50厘米,株距35厘米。定植时浅栽高培土,浇足定植水。

四是田间管理。主要抓好3项工作:①温度调控。定植后温室密闭增温1周左右。缓苗后白天棚温保持在25℃左右,夜间保持在15℃以上。开花坐果期棚温白天保持在25℃~30℃,夜间15℃以上。②肥水管理。缓苗后浅浇1次水,当门茄幼果长到径粗3~4厘米时,结合浇水每667平方米追施尿素15千克,硫酸钾15千克;以后大约15天浇水追肥1次。盛果期还可进行叶面喷肥或喷施1%糖水。③病虫害防治。茄子主要病害有绵疫病、褐纹病、灰霉病、黄萎病等,可用1∶1∶200波尔多液,或75%百菌清1 000倍液,或50%速克灵1 000倍液喷洒。发现黄萎病株应及时拔除。主要虫害有螨类和蚜虫、白粉虱等,可用2.5%溴氰菊酯2 000倍液或48%乐斯本1 000倍液喷洒,每7天喷1次,共喷2～3次。

(2)丝　瓜

一是品种选择及育苗。选用商品性好的丰产品种,如寿光中绿、白玉霜、棒槌丝瓜等。3月中下旬育苗,育苗时把种子放在55℃温水中浸5分钟后掺入凉水将温度降至25℃浸种8～10个小时,而后催芽2～3天即可播种。

二是移栽定植。4月下旬,茄子采收后在茄子宽行中按株距70厘米移栽丝瓜苗,移栽时幼苗带土坨,并浇足定根水。

三是栽后管理。丝瓜茎蔓伸长以后,用尼龙绳吊线,并进行人工引蔓,引蔓后及时固定。待5月中上旬气温回升,去除棚膜后,茎蔓爬到棚架上部时,不再绑蔓和引蔓。当丝瓜进入结果期后,及时拔除茄秧。结合中耕除草一次。

四是肥水管理。生产中每收获1～2次丝瓜,结合浇水每667平方米穴施尿素8千克,离植株根部12厘米左右,挖穴深施,埋入肥料后浇足水。

98. 日光温室茄子套种扁豆栽培模式包括哪些关键措施?

2004年,寿光市化龙镇某菜农在0.8667平方米日光温室内栽植茄子套种扁豆,折667平方米产值达16 992元,其中茄子产值为9 744元,扁豆产值为7 248元。其主要技术措施如下:

一是选择品种。茄子选用西安绿茄于12月末浸种,催芽后播种于温室,30～35天后移植于营养钵中育苗。苗期白天温度控制在25℃～30℃,夜间在15℃～20℃。定植前低温炼苗。扁豆选用对日照长短反应不甚敏感的长荚品种(如猪耳朵扁豆),3月10日浸种直播于营养钵中,苗期白天温度控制在 28℃～32℃，夜间温度在 18℃～22℃。苗龄 40 天左右。

二是 3 月上中旬扣棚，3 月下旬整地做垄。整地时施腐熟鸡粪 5 000 千克，磷酸二铵 15 千克，尿素 7.5 千克，然后覆地膜，4 月 2 日定植茄子苗，采用大垄双行定植方式。大垄宽 120 厘米，定植 2 行，小行距 50 厘米，株距 33～36 厘米，每 667 平方米栽 3 000～3 300 株。扁豆套栽于茄子双行中间，株距 1.2 米，每 667 平方米栽苗 1 100 株。

三是管理。茄子定植缓苗后逐渐通风以调节温度。白天温度控制在 28℃～32℃。开花后用 2,4-D 溶液蘸花，浓度为 30 微克/千克。花前花后 7～10 天各喷速克灵 800 倍液防止灰霉病。采用四干整枝，膨果期追肥灌水。始收期为 5 月 28 日，终收期为 7 月 10 日。

扁豆 4 月 20 日定植，不用搭架，待生长后卷蔓往日光温室柱子上爬。6 月中下旬爬到棚顶时撤去塑料棚布，改为露地生长，始收期为 6 月 22 日，终收期为 10 月 20 日。

日光温室茄子套种扁豆是理想的蔬菜种类间搭配栽培方式，是充分利用时间及空间的立体栽培、创时空效益的一条途径。

99. 什么是秋冬茬茄子—早春豆角—夏西芹一年三熟高产高效栽培技术模式？

秋冬茬茄子—早春豆角—夏西芹一年三熟高产高效栽培技术，不仅极大提高了土地利用率，而且种植效益明显增加。

(1)秋冬茬茄子　选用鲁茄 3 号或荷兰布利塔于 7 月 20 日采用遮阳网进行遮阳育苗(具体做法请参阅第 6 问)，每 667 平方米用种 50 克，培育出 2 500 株带茄花的壮苗。9 月上中旬在日光温室内每 667 平方米施腐熟鸡粪 3 000～4 000

千克，尿素 30 千克，过磷酸钙 100 千克，硫酸钾 50 千克，生石灰 40 千克，翻耕起垄，垄高 20 厘米，宽 35 厘米，垄沟 35 厘米，每两垄覆盖 1 米宽的地膜并带水定植。缓苗期每株灌 400 倍 50%多菌灵与 500 倍高锰酸钾混合液一次，缓苗后 10～15 天喷 1 次 50%多菌灵或 20%可杀得 800 倍液。10 月上旬覆棚膜，白天温度保持在 26℃～28℃，夜温在 12℃～18℃，并看地浇水。11 月上旬覆草苫和防雨膜，阴雨天也要揭草苫见光。外界温度低于 10℃时，以换气为主，每天保持 2 小时以上通风换气时间。生长期间选择晴天浇水施肥。在元旦到春节期间茄子可陆续采收上市。

(2)早春豆角 1 月上旬采用钵体电热温床育苗，每钵点 4～5 粒豆角，每 667 平方米用种量为 2.5 千克，每 667 平方米在 2 月 20 日前施腐熟有机肥 2 000～3 000 千克，尿素 20 千克，过磷酸钙 50 千克，硫酸钾 30 千克，整地起垄，垄标准同茄子标准。苗龄达到 4 叶 1 心时，选择晴天上午带水定植。定植后白天温度保持在 30℃以上，夜温不低于 15℃。待豆角长到 20 厘米时，每 667 平方米随水冲施尿素 10 千克，以后每采摘 1 次浇水施肥 1 次，施肥量可根据豆角长势确定。中后期要加强锈病、病毒病的防治，可用抗病威 300～400 倍液或高锰酸钾 500 倍液防治。豆角可采收到 5 月底至 6 月初。

(3)夏西芹 清明节前每 667 平方米用种子 50 克在 30 平方米的苗床进行拱棚育苗。育苗前苗床喷 10%除草醚进行除草。苗期要间苗 2 次，使苗间距为 5 厘米，育成 4 叶 1 心的壮苗。豆角拔除后及时整地，每 667 平方米施腐熟有机肥 2 500～3 000 千克，尿素 30 千克，过磷酸钙 30 千克，硫酸钾 20 千克，硼砂 1.5 千克，硫酸镁 8.5 千克，做成 1 米宽的平畦。于 6 月上旬浇水后定植，每畦植 4 行西芹，株距 25 厘米。

缓苗后进行防雨遮荫生产，白天温度保持 18℃～22℃，夜温在 12℃～15℃。8 月中旬后可进行水肥齐攻，并叶面喷施 100 毫克/千克"九二〇"溶液，9 月上中旬可陆续上市。

每 667 平方米产秋冬茬茄子 4 000 千克，早春豆角 2 000 千克，夏西芹 10 000 千克，每 667 平方米年总产值达 20 000 元以上。

100. 日光温室茄子秋冬茬与越冬茬套种栽培有哪些关键技术？

茄子冬暖大棚越冬一大茬栽培，是喜温蔬菜越冬栽培的开创性技术。但也有其不足之处：首先，它虽然侧重解决了深冬、早春到初夏的市场供应，而在秋末到初冬却形成了两个多月的产品供应淡季；其次，越冬一大茬栽培技术难度大，受气候的影响，风险大；第三，越冬一大茬栽培前期明显存在着土地和设施的浪费。采用秋冬茬短期栽培和越冬茬套种，则可较好地解决上述矛盾。其关键技术如下。

(1)选择适宜品种　秋冬茬短期栽培，一般选早熟品种，如天津快圆茄、济南早小长茄等；越冬一大茬栽培宜选用中晚熟品种，如济杂长茄 2 号、美引长茄、布利塔等。

(2)播种与定植期　上下茬的安排首先要保证它们之间能够顺利衔接，同时要使两茬都能获得比较适宜的生育条件，都能高产。一般秋冬茬播种期在 7 月中旬，越冬茬播种期在 9 月中旬，定植期则分别为 8 月中旬和 11 月下旬。

(3)培育壮苗　秋冬茬茄子的育苗期正处于炎热夏季，高温、高湿、强光照和雨涝等不利气候条件都给育苗工作带来一定难度。因此，秋冬茬育苗必须坚持以防病为主，采取有针对性的技术措施，培育出无病壮苗。要在地势高、排水畅通的地块，搭高棚遮光防雨，采用营养钵育苗，同时注意防蚜防病（具体做法请参阅第 6 问）。越冬茬栽培育苗前期，气候条件适宜茄苗生长，进入 10 月份以后要逐渐对茄苗进行保护管理，此茬茄苗较易育成壮苗。

(4)定植 定植前要施足基肥，深翻整平，按行距开沟，按株距点施沟肥。茄子秋冬茬栽培采用等行距开沟，行距 40～45 厘米，按 20 厘米株距和 30 厘米株距相间定植。于 11 月下旬将株距为 20 厘米的一行提早拔除，并按 35 厘米株距定植越冬茬茄苗。当越冬茬茄苗长至开花结果时，将另一行秋冬茬茄子也拔掉，使越冬茬茄子的行距达到 80～90 厘米。

(5)植株调整 搞好整枝是两茬茄子丰产的关键。秋冬茬茄子提早拔除的一行（株距 20 厘米），可采取留门茄后只留对茄 1 个，在不留茄子的枝上留叶，茄子上部留 2 叶打顶。延后拔除的一行（株距 30 厘米），采取留 1 个门茄和 2 个对茄，并在茄子上部留 2 叶打顶。越冬茬茄子可采取留 1 个门茄、2 个对茄、4 个四门斗茄、2 个八面风茄或双干整枝的方法，即从对茄开始，一直留双干生长。

(6)肥水管理 地温低时，茄子易发生"寒根"和"沤根"，因此，越冬茬茄子定植时要适当施用 ABT 生根剂或纳米磁能液。肥水管理是两茬茄子共生期的关键技术。两茬茄子发生矛盾时，要分清主次，分别管理。对病虫害要以预防为主。

附　录

日光温室蔬菜主要病虫害种类及农药防治方法

（根据寿光菜农防治病虫害经验总结）

1. 真菌类病害

(1)霜霉病、疫病(包括早疫病、晚疫病)用药种类及使用方法　70%乙磷铝·锰锌500倍液，72.2%普力克(霜霉威)800倍液，58%雷多米尔·锰锌(甲霜灵·锰锌)500倍液，50%甲霜·铜600倍液，50%甲霜·铝·铜500倍液，64%杀毒矾500倍液，85%三乙磷铝500倍液，69%安克·锰锌600～800倍液，58%霜尽400～500倍液，72%霜脲·锰锌(又名克露·霜疫清、霜疫净、红太阳等)500～600倍液，50%灭克(氟吗锰锌)500～600倍液，菌立灭4号500倍液，50%加收米水剂500倍液，易保500～600倍液，58%烯酰吗啉·福美双500～600倍液，58%烯酰吗林·锰锌500～600倍液。每5～7天喷1次，防治2～3次。

(2)灰霉病、煤污病用药种类及使用方法　喷洒50%速克灵(腐霉利)可湿性粉剂1 000倍液，50%扑海因可湿性粉剂或悬浮剂1 000倍液，70%甲基托布津可湿性粉剂500～600倍液，40%百可得可湿性粉剂1 500倍液，40%施佳乐悬浮剂800～1 200倍液，50%农利灵500倍液，绿亨5号1 000～1 500倍液。每5～7天喷1次，连续防治2～3次。

(3)叶霉病、白粉病、锈病等用药种类及使用方法　喷洒氧硅唑(福星)4 000倍液，腈菌唑(福腈)1 500倍液，三唑酮(又名百里通、粉锈宁、20%粉锈宁乳油)一般作物喷3 000倍液以上，个别作物喷4 000倍液以上，速得利12.5%可湿性粉剂3 000倍液，德国拜耳公司生产的戎唑醇（好力克）5 000倍液，美国杜邦公司生产的万兴1 500倍液，国产赛星3 000倍液，世高800倍液，叶霉威500倍液，多霉威500倍液。以上农药每5～7天喷1次，交替使用，连续防治2～3次。

(4)蔓枯病、炭疽病等病害用药种类及使用方法 喷洒36%甲基硫菌灵悬浮剂400～500倍液，75%百菌清可湿性粉剂600倍液，80%炭疽福美胂600～800倍液，64%杀毒矾500～600倍液，77%氢氧化铜（又名可杀得、丰护安、瑞扑）500倍液，56%氧化亚铜（又名靠山）500～700倍液，菌立灭4号500～600倍液喷雾，也可用上述农药1倍溶液涂抹病部。还可用50%春雷氧氯铜（又名加瑞农、加收米）500倍液，50%施保功可湿性粉剂（通用名称为咪鲜安锰络合物）2 000倍液，安美托600～800倍液，炭疽净500倍液喷雾，每5～7天喷1次，交替使用，从发病初期开始，连续防治2～3次。

(5)斑枯病、褐斑病、灰斑病、轮纹病等叶斑病类用药种类及使用方法 喷洒75%达科宁（百菌清）500～600倍液，64%杀毒矾可湿性粉剂500～600倍液，70%代森锰锌、80%大生、强生等600～800倍液，10%多抗霉素（宝丽安）800～1 000倍液，好力克5 000倍液，施保功2 000倍液，易保500倍液，品润500倍液，斑博、斑神、斑速尽、叶斑净等500倍液，甲霜灵·锰锌500倍液喷雾。从发病初期开始，每5～7天喷1次，交替使用，连续防治2～3次。

(6)黄萎病、枯萎病、立枯病、根腐病等土传病害用药种类及使用方法 播种前可用50%多菌灵可湿性粉剂处理种子和土壤，或在生长期灌根、冲施。也可用恶霉灵（土菌清）拌种、处理土壤及在生长期灌根，防治茄子黄萎病及其他土传病害效果显著。用50%甲羟翁水剂500倍液浸种24小时,或用1 500倍液从苗期开始喷雾,每7天喷1次,连喷2～3次,对各种土传病害均有明显效果。用58%烯酰吗啉·福美双(又名霜尽、盖克)500倍液喷灌根际部,或在生长期每株灌药液250毫升,可防治各种土传病害。用45%三唑酮·福美双可湿性粉剂300倍液浸种或600～800倍液灌根,对茄子黄萎病、枯萎病以及各种作物的根腐病、立枯病、猝倒病、炭疽病、茎基腐病等土传病害均有较好防治效果,并能治愈根腐病、茎基腐病等病害。另外,用绿亨1号、8号、2号800～1 500倍液喷雾、灌根,效果良好。用根病灵500倍液喷雾,防治效果也很好。用苗菌敌在育苗时处理苗床土壤,能培育无病菜苗,但不宜喷雾幼苗,以免发生药害。

(7)绵疫病、绵腐病、菌核病、白绢病等病害用药种类及使用方法 可用乙烯菌核利(农利灵)50%可湿性粉剂500～600倍液均匀喷洒作物发病各部位,每5～7天喷1次,防治2～3次。也可用40%菌核净可湿性粉剂3 000倍液喷雾防治,但此药易发生药害,因此应在专家指导下使用。用58%甲霜灵·锰锌500倍液喷雾防治绵疫病等病害,若与菌立灭4号或双抗霉素混合使用效果更好。也可用70%乙磷铝·锰锌与菌立灭4号或双抗霉素混合500～600倍液喷雾防治,还可用64%杀毒矾500倍液与速克灵、百可得等农药1 000倍液混合喷雾。

(8)芝麻斑点病、胡麻斑点病等病害的用药种类及使用方法 用络氨铜(又名消病灵、菌杀、双效灵、克病增产素、胶氨铜)15%或25%水剂300～500倍液喷雾,对防治各种作物上的芝麻斑点病、胡麻斑点病效果显著,且能兼治细菌性病害。也可用77%氢氧化铜(可杀得、丰护安)400～500倍液喷雾防治。用30%氧氯化铜悬浮剂(氯化氧铜、王铜)600～800倍液喷雾，能有效防治芝麻斑点病、胡麻斑点病及各种细菌性病害。用德国拜耳公司生产的好力克 5 000 倍液防治芝麻斑点病，效果也很好。

2. 细菌性病害

(1)细菌性角斑病、叶斑病、缘枯病、斑疹病等病害用药种类及使用方法 用二元酸铜（琥胶肥酸铜、DT）30%悬浮剂 500～600 倍液喷雾防治叶片和果实上的细菌性病害，均有较好的防治效果。用 15%或 25%络氨铜水剂 300～500 倍液防治西瓜、甜瓜上的细菌性病害，效果良好。用噻枯唑（又名叶枯唑、川化-018、叶青双、叶枯宁、细菌净、细菌特净、细菌除尽、细菌扑杀等）20%或 25%可湿性粉剂 400～500 倍液喷雾防治叶片及果实上的细菌性病害，均有理想的效果，且能与任何农药混合使用，深受广大菜农的欢迎。用 72%农用链霉素 4 000 倍液或每 500 万单位链霉素对水 15 升喷雾防治叶片及果实上的细菌性病害，均有很好的效果。另外，选用绿亨 6 号 800～1 500 倍液，绿亨 7 号（77%氢氧化铜）500～600 倍液，冠菌清 1 000 倍液，冠菌铜（77%氢氧化铜）800 倍液，可杀得 2 000 制剂 3 000 倍液，抑快净 800～1 000倍液，防治叶片和果实上的细菌性病害也有理想的效果。

(2)细菌性青枯、溃疡、疮痂、茎部坏死等病害用药种类及使用方法 用 50%DT 可湿性粉剂 500～600 倍液喷雾、灌根，每 5～7 天喷 1 次，每 10～15 天灌根 1 次。也可用绿亨 6 号 1 000 倍液或 30%氧氯化铜 300～500 倍液或冠菌清 1 000 倍液喷雾、灌根。

3. 各种作物病毒病用药种类及使用方法 用盐酸吗啉胍酮（又名病毒 A 病毒净、病毒除尽）20%可湿性粉剂 400～500 倍液喷雾，每 3～5 天喷 1 次，连喷 3 次；也可用 5%菌毒清水剂（市场上出售的“病毒净”、“毒痊净”、“毒霸”等，主要成分就是菌毒清）300 倍液喷雾防治；用 1.5%植病灵乳剂 600 倍液喷雾，效果均较理想。用病毒克星 1 小袋（25 克）对水 30 升，菌克毒克 600 倍液，农康 1 小袋（10 克）对水 15 升，喷雾防治病毒病均有较好的效果。

4. 广谱性生物及抗菌素杀菌杀毒剂 ①用井冈霉素 15%或 17%水溶性剂 500～1 000 倍液喷雾、灌根，对真菌、细菌、病毒各类病毒均有较好的防治效果。②用根叶康（由青岛中垦化工有限公司生产）拌种、喷雾均能杀伤真菌、细菌病害，并能明显减轻各种作物病毒病的发生。③用益微（商品暂用名）拌种、喷雾能防治各种作物苗期病害、土传病害，对各种病毒类病害也有良好的控制作用。用益微拌种时，每 20 克可拌 667 平方米需用的种子；用于生长期喷雾时，每 20 克益微对水 15～30 升。

5. 大棚虫害种类及用药方法

(1)白粉虱、烟飞虱、蚜虫、蓟马等刺吸式口器害虫的用药种类及使用方法 此类农药种类很多，这里仅介绍主要品种及使用方法：用蚜虱宝 1 000～1 500 倍液，粉虱特 1 000 倍液，扑虱灵 800～1 000 倍液，菜喜 1 500 倍液，阿克泰 3 000 倍液，除尽 1 500 倍液，绿菜宝1 500倍液喷雾防治。

(2)斑潜蝇用药种类及使用方法 用神农乐 600～800 倍液，绿菜宝 1 500 倍液，菜喜 1 500 倍液，阿克泰 2 000 倍液，尽胜 1 500 倍液，48%乐斯本乳油 800～1 000 倍液，1.8%爱福丁乳油 3 000 倍液，10%吡虫啉水剂 1 500～2 000 倍液，10%天王星乳油 3 000～4 000 倍液喷雾防治。

(3)各种螟虫、蛾类虫害用药种类及使用方法 大棚蔬菜的此类害虫有棉铃虫、斜纹夜蛾、小菜蛾、菜青虫等咀嚼式昆虫和地蛆等地下害虫。可用50%辛硫磷乳油1 000～1 500倍液喷雾或冲施灌根，用20%高效氯氰菊酯2 000倍液喷雾防治各种咀嚼式昆虫，用50%～80%敌敌畏乳油1 000～1 500倍液喷雾防治各种害虫，用敌敌畏制作的各种类型的烟雾剂均能防治各种害虫。还可用90%万灵1 500倍液，48%乐斯本800～1 000倍液，生物药安打3 000倍液喷雾防治。

(4)**各种螨类用药种类及使用方法** 用73%克螨特乳油2 000～3 000倍液，20%螨死净2 000～2 500倍液，20%扫螨净3 000～4 500倍液，虫螨杀星1 500倍液，阿维除尽1 000～1 500倍液，1.8%阿维菌素1 500倍液喷雾防治。

6. 根结线虫、茎线虫用药种类及使用方法 施用福气多、米乐尔、好年冬、线敌、线虫灵、线虫除尽、线虫速灭等颗粒剂防治，处理土壤时，每667平方米用10～20千克；做条施或穴施时用3～5千克。也可用克兰德桑水剂灌根和冲施。灌根时，用800～1 000倍液，每株灌250～500毫升药液；冲施时，每667平方米冲施2～3桶，即2～3千克农药。也可用阿维菌素1.8%水剂1千克，冲施在菜地里，防治线虫效果也很好。

7. 各种作物除草剂 种类很多，寿光市推广的有以下品种。

(1)**高效盖草能** 主要用于油菜、西瓜、甜瓜、马铃薯等阔叶作物和阔叶蔬菜地的除草。其使用方法是，在作物播种后或作物具2～3片复叶时，每667平方米用10.8%盖草能乳油30～35毫升对水60升喷雾处理。

(2)**苯磺隆(又名杜邦巨星、阔叶净)** 主要用于冬小麦杂草。其使用方法是，每667平方米用75%巨星干悬浮剂1～1.5克对水30～40升喷雾防除杂草。

(3)乙莠水(通用名称乙草胺+莠去津) 主要用于玉米田防除杂草。其使用方法是,在玉米播种后出苗前,每667平方米用40%乙莠水悬浮剂300～400毫升对水40～50升喷雾防除玉米田杂草。

(4)除草醚 适合施用的作物有大豆、花生、芹菜、胡萝卜、萝卜、茴香、油菜、花菜等作物,最适宜做喷雾防治杂草。但是,应在作物播种后出苗前应用,其方法是,每667平方米用25%除草醚可湿性粉剂500克左右,对水30升,喷雾处理土壤表面。

(5)除草通(又名施田朴) 适合施用的作物有玉米、大豆、棉花、蔬菜等作物,用于防除稗草、马唐草、狗尾草、早熟禾、藜、苋菁等杂草。其使用方法是:播种后出苗前每667平方米用33%施田朴乳油200～300毫升对水30～40升喷雾于地表。

(6)地乐胺 适用于大豆、茴香、萝卜、胡萝卜、韭菜、菜豆等作物防除杂草。具体使用方法是:每667平方米用48%地乐胺乳油200～300毫升对水30～40升,喷雾处理地表,施药后划锄混土,然后再播种或移栽。

8. 大棚鼠害用药种类及方法 防治鼠害的方法很多,但要求对人、畜必须安全。这里仅介绍三种防鼠药的使用方法。

(1)绿亨鼠克 用1份药对水50毫升,再加入250～500克新鲜饵料搅拌均匀,于傍晚撒在老鼠出没的路线上。

(2)大卫 用1小盒大卫(5克)配制500克毒饵,于傍晚撒在老鼠出没的路线上。

(3)玉虎 用玉虎5毫升对水50毫升,与500克新鲜玉米或小麦粒拌匀制成毒饵,撒在老鼠出没的路线上。

9. 植物生长调节剂 大棚瓜菜有时生长过快,有时生长过慢，有时因温度过高或过低造成落花、落果或化瓜现象，有时形成花打顶现象，这就需要用生长调节剂进行调理。寿光市菜农常用的生长调节剂有以下几种。

一是刺激生长，使果实变大变长的生长调节剂。主要有赤霉素、细胞分裂素、复硝酚胺（市场上销售的甜瓜膨大素、西瓜膨大素等）。

二是抑制作物生长的调节剂。主要有矮壮素、调节安（助壮素、稳丰等品牌）、多效唑、比久等。

三是促使作物果实早熟的生长调节剂。主要有40％乙烯利水剂、国光牌催红剂、必多收等药剂。

四是保花保果的生长调节剂。目前，市场销售的主要有2,4-D、防落素、施特优、萘乙酸、芸薹素内酯（云大-120）、复硝酚钠（又名爱多收、爱农、丰产素、巨丰系列叶肥）等。

10. 大棚蔬菜生理性病害及缺素症用药种类 此类农药大多为蔬菜常用叶肥，种类很多，有爱多收、爱农、康凯、云大-120、云大-中天、纳米磁能液、绿芬威系列，铁、锌、钙达灵，金钙宝、三不落、巨丰系列、稀土绿霸王、太得肥等。